THE **ROAD** **LESS** TRAVELED

小小 ◎ 著

少有人走的路

——治愈系暖心故事集

煤炭工业出版社

·北 京·

图书在版编目（CIP）数据

少有人走的路：治愈系暖心故事集/小小著．－－北京：煤炭工业出版社，2018

ISBN 978－7－5020－6775－5

Ⅰ．①少… Ⅱ．①小… Ⅲ．①人生哲学—通俗读物

Ⅳ．①B821－49

中国版本图书馆 CIP 数据核字（2018）第 158265 号

少有人走的路
——治愈系暖心故事集

著　　者	小　小
责任编辑	刘少辉
封面设计	程芳庆

出版发行 煤炭工业出版社（北京市朝阳区芍药居 35 号　100029）

电　　话 010－84657898（总编室）　010－84657880（读者服务部）

网　　址 www.cciph.com.cn

印　　刷 三河市三佳印刷装订有限公司

经　　销 全国新华书店

开　　本 880mm×1230mm$^1/_{32}$　**印张** 9　**字数** 216 千字

版　　次 2018 年 8 月第 1 版　2018 年 8 月第 1 次印刷

社内编号 20180516　　　　　**定价** 39.80 元

代序

三月的某个周末，北京下了一场悄无声息的雪。那场雪，是我期盼已久的。我梦见过，强烈地呼喊过。也许是听见了一个女孩的真挚呐喊，所以它来了，来得那么恬淡又那么浓烈。

我久久立在窗牖边，任由我的眼睛，疯狂地贪婪着我所看到的每一寸白色。我想让我的双眼，当一次吸力石，把那些透明的白，都吸入身体，滋润身体的每一寸肌肤，纯净我的整个世界。

我的身子藏在温暖的屋子里，只留了一双眼在那窗外。咖啡已经冷却到我想要的温度，就着面包的脆酥，我享受了一个美妙的早晨。

这个周末，有我想要的一切，有雪，有早餐，当然还有书。一个难得放松的周末，不能没有书籍的陪伴。想到书，仿佛记起了一件重要的事。

昨天助理收到了一本稿件，是晓亮的新作品，她期待我为她作序，但我还没来得及看。

想着这么一个安静的早晨，应该拿来翻阅一番，仔细看看这个小女孩的心路历程，才不辜负大自然的一场赠予，也不辜负她对我的一片期待。

一直以来对她的印象，只是一个不谙世事的小女孩。因为在我心里，她永远是单纯的，明媚的，没有任何杂质的。说实话，我很期待她的新作，也更想在她的思想里，探索一点我不曾知道的事情，看看小女孩这些年的成长。

我腾空了思绪，放空了思想，想身心全无杂念地迅速融入书里，与作者对话。

翻了几十页后，我有一种震撼感。那种感觉，不是外界的某种事物所带来的，而是书里的文字所带来的。

书中的一字一句，都颠覆了我对她的认识。一个外表阳光的女生，看上去像一张白纸般干净的女生，对人生的见解居然那么深刻。我感叹她的洞察力与感悟力。

这本书，就像这场雪一样，真实，纯白。能感觉出来，那些故事里，有她自己的影子，也有她朋友的影子。但每一个身影，都是鲜活的，有力的。无论是哪种影子，都仿佛具有一种魔力，推动着看书的人往更深的一步走。

那些故事，让人过目不忘。故事里的人，在青春的转角处一次次迷茫，一次次挣扎，一次次与自己做斗争，与命运做斗争，不服输，也不愿意妥协。他们孤独，迷惑，彷徨，他们看不见未来，但也绝不放弃未来。

她的文字，简单直白，但也最能感动人心。在这朴实的没有过度渲染的文字中，在一个个不同的故事中，我能理解百味的人生，也能深刻体会到人世间的别样风景。

我是一个主持人，喜欢把事情做得赏心悦目，符合大众的口味，我认为的精彩或许只是其中一部分。但现在，我明白，世间的精彩本就不只一种。这让我有了深层次了解他人的欲望，也让我对人生有了更深层次的理解。

因为职业原因，我性格开朗。很大程度上，我认为这是一种乐观。现在看来，这种乐观有时候也是一种逃避。那些选择了坚持的人，无所谓乐不乐观，甚至勇不勇敢，因为这就是人生，无论怎样，都要继续走下去，由不得你。

过去，很多时候，我们总爱把委屈当成是一种经历，一种成长。现在我认为，委屈和困难在某些人的眼里，也许真的不值一提。因为他们选择了少有人走的路，本身就是一种勇敢，不念过去，不畏将来，也许，就是这个样子吧。

当然，希望这本书的温暖，如明媚我一样，也能明媚你。起码，让我们为青春一起呐喊一次。

李蜜

前　言

　　我们看过很多故事，会在故事里感动别人的感动，精彩别人的精彩，执着别人的执着。我们会羡慕那些功成名就的人，羡慕那些过得比自己好的人，而唯一不会羡慕的人就是自己，最不会为其呐喊的人就是自己。因为我们最能在仰望中忽略自己本身的精彩，抬头只能看到别人所拥有的幸福。

　　其实大多数人所拥有的幸福，是自己在荆棘地里，在多少个狰狞的夜晚，咽着苦水一遍遍走出来的。他们大多只是比我们更懂得多坚持一秒钟就会多一分收获的道理，懂得把所有的时间都争分夺秒地利用上。

　　当你在迷茫彷徨的时候，有些人在一遍遍地看数据，看方案，看书籍。因为他们懂得多少次的迷茫，也换不来一次真正意义上的行动。你呢？不要羡慕他人的精彩，也不要迷茫当下的困扰，你只需要在自己认定的事情上，不吝啬执着与付出，多慷慨一下时间的长度，自然会收获你想要的温度。

　　青春其实是一条线，用万般思绪穿织起来的一条线。这条线，大多是复杂的，惆怅的，忧伤的，难以抉择，且又明媚的。在前行的道路上，每往前走一段，都会有不同的思绪在脑子里滋生出来，左右你的思想。线的直度与弯度，全凭自己的努力程度去抉择。

书里的主人公们，一次次被别人牵着线头奔跑，因为追赶不上别人的脚步，一次次被扭曲，一次次断裂，又一次次重新愈合。面对着青春转角的残酷，他们有害怕，但没有退缩；有迷茫，但也有坚强。他们在自己选择的路上，坚定自己的信念，小心翼翼地行走着。

他们历经了千种磨难，受过万般诋毁，但依然坚强。所以他们的青春是一条没有尽头的线，可以直接延伸到他们想去的任何地方。尽管曾经被残忍地撕扯过，但依旧明媚如阳光。

无论你站在哪个年龄阶段的抉择口，无论你过得有多么艰难，无论你曾经多么想要放弃你的选择。如今，我都只希望你暂缓一下脚步，低头看看这本书里面的内容，或许它会治愈你曾经的伤口，温暖你今后要走的每一步。

那些美好的东西，我愿与你们一起分享。

小小

目　录

一　你，有你的路

　　凡是新的事情在起头总是这样的，起初热心的人很多，而不久就冷淡下去，撒手不做了，因为他已经明白，不经过一番苦工是做不成的，而只有想做的人，才忍得过这番痛苦。

——陀思妥耶夫斯基

不羡慕别人，不低估自己

浮华尘世，你自有精彩

不一味羡慕别人的生活，你有自己的精彩。这句看似单薄无力的话，是经常用来安慰别人的柔软剂，这并不是我道听途说来的，而是自己经历了很长时间，聆听了很多故事，最后才懂得的。

我的一个朋友，YO，美籍华人，12岁跟随父母定居美国，初、高中都是免费义务教育班，进不错的大学，成绩优异，年年得奖学金。毕业后顺利进入行业前列的公司，年薪丰厚。25岁的年纪，买车买房，毫无压力。

很多人跟我一样艳羡她，在那座干净、透明的沿海城市，看海鸥飞过天际，听大海窃窃私语。在大自然的心脏里畅游，把烦恼丢进一望无际的海里，最重要的是，她不用做车奴、房奴。

看上去，这种生活似乎找不到任何瑕疵，完整又美好。

可用她的话来说，你不是我，没有经历过我所经历的，轻易羡慕，是不是有点儿为时过早？

因为羡慕的背后，藏着你看不见的秘密，如果你一层层揭掉外面的表皮，窥探到表皮里的"伤痕"，你或许就不会轻易去羡慕一个人，一件事了。

YO 说，才去美国的头两年，因为语言不通，学校里没有人愿意靠近她，甚至嘲笑她，捉弄她。她没有同伴，永远形单影只。学校里发生的事情，导致她回到家就紧闭房门，抵触一切，包括她的父母。

也就是那两年，她得了抑郁症，做出了一件她唯一可以用来表达抗议的事情——自残。她用刀片来回割她那尚未发育成熟的手腕，抗议那些被扼杀掉的童年，抗议没有朋友的孩提时代。

她手腕上的伤痕，至今依稀可见，触目惊心。

那几年，她是孤独的。

在喜欢分享小秘密的年龄，没有人能够参与她的内心世界，即便是她父母，也终究替代不了小伙伴。她当初的伤痛，恐怕只有自己能体会得了。

现在的 YO，虽然淡忘了过去，开着自己赚钱买来的车，住着舒适的房，身体是无限自由的，但骨子里依旧孤独如初。

在这座城市里，除了有一两个经常会电话联络的朋友，似乎找不到可以分享秘密的知心友人，也没有一起逛街、喝下午茶的闺蜜。这里的华人朋友太少，似乎都是本国本土人，能走到一起去的友人就更少了。

她工作之余的唯一爱好便是玩各种游戏，试图在游戏里找到一点乐趣，打发沉闷的时光。

为了适应生活，她生生改变自己的口味，试图一点点摒弃在国内停留的味觉。每当看到国内朋友晒各种美食，她都能垂涎三尺。

她经常说，你羡慕我，其实我也挺羡慕你的。你随时随地都能听到熟悉的语言，吃着从小吃到大的热干面，隔三岔五还能几个朋友聚聚会。

我一想也是，食物不是问题，想吃什么就有什么，不必担心菜系做得不地道，三五个朋友，也不用担心因为地域文化产生的差异，不能好好地开各种玩笑。

光鲜的背后必有不为人知的苦楚，所以没有必要去轻易羡慕一个人。YO说，有时候不是自己非要去选择过哪种生活，而是路刚好到她脚下，她不得不往前直行。生活中有得必有失，至于别人走什么样的路，过什么样的生活，其实与自己没有太大的关系。

与其羡慕他人，不如充实自己

记得有一句成语叫"临渊羡鱼，不如退而结网"。意思是与其站在河塘边，看着鱼儿在水中欢快地游着，幻想着鱼儿到手后的场景，还不如回去下功夫结出一张渔网来捕鱼，让愿望实现。潜台词也就是与其羡慕他人，还不如自己花点时间，付出点努力，让你幻想或羡慕的东西得以实现。

有人羡慕网红一天到晚玩直播，随便唠唠嘴皮子，就能月入百万。却不知道他们为了工作，高烧一个星期还要坚持天天上直播，因为怕"掉粉"，连轴转不眠不休工作50个小时。他们表面看上去光鲜亮丽，你却不知道他们每天要凌晨5点才能上床入眠，9点起床继续工作。看他们买得起想要的一切，却不知道他们要对着镜头，在自己的嘴巴上涂300种口红的颜色，一直涂到嘴巴麻木。

有人羡慕媒体撰稿人轻轻松松敲几个字，就能赚得盆满钵满，却不知道他们永远都在不停地赶书稿，在候机室，在飞机上，在地铁里，在长途汽车里，在一切能利用到的空间里，不分时间场合地构思、写稿；你羡慕他们每篇文章的"100000+"，却不知道他们在写每篇文章前N遍临摹的不得已，翻来覆去改动的腻烦，查阅资料的辛苦，以及连续通宵的"战斗"；你更不知道哪一篇爆文是作者强忍着腱鞘炎带来的疼痛，挣扎着呈现出来的精彩。

有人羡慕别人一年两次的出国行，满世界浏览风景，尝遍各种美食，看遍山河风采，见各国的友人，聊各地的故事，却不知道他们卖力工作时的辛苦，看不见他们没日没夜地加班，看不见他们缩在家里，不出去聚会的样子。

有人羡慕别人的好身材，羡慕他们一副自信傲人的样子，却不知道他们经过多少次持之以恒的坚持，无论刮风下雨，锻炼从不间断，无论美食多么诱人，他们都对自己决绝。

有人羡慕别人说着一口流利的英语，却不知道他们为了练口语，在树林里忍受多少蚊虫的叮咬，不知道他们每一句语句的背后，有着千万次的重复，更不知道他们在人前大声说英语时的疯狂。

有人羡慕空姐自由飞翔的职业，可以到世界各地，俯瞰各国美景，却看不到她们 24 小时随时待命，看不到她们凌晨回家时疲惫的样子。

你羡慕他人的同时，却不知你也有许多让人艳羡的地方。你没有足够多的钱，却有足够多的时间。当别人日夜奋斗时，他们羡慕你有大把的时间，可以去放松挥霍。你羡慕别人的名人效应，他们却羡慕你的自由自在，可以大摇大摆上街，不会动辄陷入舆论漩涡

一味羡慕别人，除了增加自己的无能感，你还能改变什么？如果是那样，倒不如把日子过得精致一点，把对自己的要求放严格点，去对待你的欢喜。

不然，再多的羡慕也是空的，是看得见但摸不着的。

有些人只会羡慕，有些人从不羡慕，这大概是对生活有没有自我管控能力最好的区别。

　　柠檬，大概就是我认识为数不多，最懂得做自己的女子。我从来没有听她抱怨过生活，羡慕过任何人，相反，如果你跟她说羡慕谁谁谁，她铁定一句话把你怼回去：一味地羡慕他人，都是自己无能的体现。

　　她有说这句话的资格。学生时期，她为了考上理想中的学府，熄灯后也会在被窝里用小灯偷偷看上三小时的书，从来没有寒暑假，没有去过游乐园。工作后，她想要的限量版，可以在工作之余，额外兼职两份工作买下来。别人睡觉，她在忙。别人休息，她还在忙，永无休息之日。

　　她也会羡慕，但她懂得适可而止，懂得羡慕背后还是得靠自己的努力。

　　你没有经历过别人纠结狰狞的日夜，就不要羡慕他人现在理想的生活。

　　如果你真的羡慕别人，也想让别人羡慕自己，就应该时常与自己的内心对话，告诉自己，你也可以。把自己的长处一点一点挖掘出来，去为之付出，去为之努力。而不是只会上演内心戏：为什么别人就能轻轻松松赚大钱，别人这，别人那。要知道，别人的一切都与你无关。

　　别人的生活，你不必模仿。有时间臆想，倒不如花时间充实自己，挖掘自己的精彩。对生活及周边的一切，多一分用心。想必在无形中，你也会活成别人羡慕的对象。

少听流言蜚语，于你无益

生活中见的人多了，相处久了，难免会听见各式各样的流言蜚语。有些人，利用一张嘴，便能达到颠倒是非黑白的目的。舌如尖刀，可以把人心戳成一截一截，溃烂成孔。

那些看似无声的语言，像一颗颗要命的子弹，具有极强的杀伤力，令人体无完肤。

钱钟书说："流言这东西，比流感蔓延的速度更快，比流星所蕴含的能量更巨大，比流氓更具有恶意，比流产更能让人心力憔悴。"

但你怎么对待它，它便会如何"回馈"你。如果你把它当成轻飘飘的薄纸片，那它就会不痛不痒地飞走。如果你把它当成铅球，它就会在你的心里，压得你无法喘气。

那些闲碎的语言，多听无益，不管是关于别人的还是自己的，只会令你活在乌烟瘴气下，挫败你的锐气，抹掉你的信心。

大学时期有个同学叫土豆，一直是被大家公认的不合群的"孤独症患者"。因为她总是喜欢独来独往，没有亲近的朋友。除了必要的话，从不闲扯一句。

因此同学们课上课下议论纷纷，尤其是她的室友，人前人后都会说三道四，说她可能小时候受了多大刺激，人格有缺陷，更有甚者说她爹不疼娘不爱，才导致她孤僻的性格。

这些话语，时不时会飘进土豆的耳朵里，悄无声息地碾压她一下。别人看她的眼光，都是极不友善的。

起初她还会偶尔解释，她只是那种性格，喜欢自在的感觉，并没有其他原因，让她的同学们多包涵她。

但后来，她们该说还是说，她的解释不是任何良药，完全阻止不了"瘟疫"蔓延。渐渐地，她索性当上了聋子哑巴，装作听不见，更不去回应。久而久之，一个话题说烂了，同学们自然也闭嘴了。

土豆不把闲言碎语当回事，那些锐利尖刻的语言自然伤害不了她。因为她清楚她只需要做自己，别人的想法无所谓。

但也不是所有人都能有土豆那样强大的心理，来对待刻薄的诋毁。

公司有一位同事，叫Joe，在工作中算是个热心肠，但凡他能做到的事情，都会力所能及地去帮忙，无论是买早餐、倒垃圾，还是帮对方完成未完的工作。

有一次临近下班时刻，Joe的同事火急火燎找到他，让他帮忙写一篇会议报道稿，这对于他来说本来不是什么难事，但那天他因为着急回家，便委婉地拒绝了。

同事的脸顿时一边红，一边黑，但也没有表现出太多，一副欲言又止的模样。

第二天，他照常来公司时，发现周围一切都发生了微妙的变化。再也没人像之前一样亲切地与他打招呼，也没有人开玩笑似的让他帮忙倒垃圾。只把他当做透明的空气，照样与身边的人交谈。

就在他纳闷的时候，他无意间看到让他帮忙的那个同事，用得意的眼神挑衅地看着他。

Joe 猜测到此事是因他的同事而起，但始终不知道从哪处向大家解释。

后来一个经常受 Joe 帮助的同事悄悄告诉他，那个他没帮忙的同事在他走后说了他很多不堪的碎语，说他假热心，心机深，只不过是刚来为了讨好大家才装模作样。

Joe 一气之下离职了。

与其说他是采取冷漠的方式对待语言暴力，看似毫不在意，倒不如说他是句句听入了耳。

他大可以不去介意大家异样的目光，因为他心里无愧。过于在意别人的说法，惨败的大多都是自己，于对方无丝毫坏处。他损失的不止是一个难得的工作单位，更是一次锻炼他勇敢对抗外界的机会。

那些所谓的流言蜚语，就是别人设置的一个又一个陷阱，只要我们绕开它，它总是无法伤害到我们的。

如果过于纠结别人的说法，非得跟对方争个高低，损失的既是自己的时间，也是自己那份慷慨的大度。

我曾问过一位朋友，如果流言缠身怎么办？她轻轻地回了一个微笑。她说这个微笑就是我的回答。

她说可以把那些尖酸刻薄的语言，当成别人送给自己的礼物，你不接受，礼物就还属于送礼方。流言也一样，你不正面接纳它们，这些话语也就是说给他们自己听，谁也无法强加在你身上。

你清，他人的语言再污浊，也是无法在你身上搅浑水的。

可生活中，只要稍稍有风吹草动，大部分人听见别人说对自己不满的话，就会坐立不安，夜晚难以入眠。然后花时间一件件去分析自己到底有无犯类似的错误。如若这样，我们就没有办法过好我们的生活。对于流言，你若信它，它便能对你造成影响；你若不去理会它，它便无地自容。

邻居的妈妈就是一个极能受流言"攻破"的人，但凡听到一点关于自己的负面消息，就要急着挨个去解释。最后弄得自己精疲力竭，还要遭别人嘲笑一番。

说到流言，其实自己也曾经跟邻居大妈一样，只要听到一点点关于自己的负面消息，我便会冲上去，跟对方歇斯底里地辩驳一番。

记得高二那年，因为一件极小的事情，和同学大吵了一架。大概是下了晚自习，我跟隔壁班的男生还在讨论关于学习的事情，因为知道他学习成绩好，在年级是排名靠前的，那时为了冲刺，我便厚着脸皮"不耻下问"，让他在课后帮我补补课。可能找他的次数多了，就有一些不好听的流言四处乱窜，最终窜到我耳朵里就变成了：也不看看自己长什么模样，癞蛤蟆想吃天鹅肉。

我听见自然气不打一处来，便去找同学理论，我挨个找是谁说的，最后找出那个同学，给了她一个大巴掌。她自然也不甘心就那么被打，回手反击我，两人撕扭在一起，引来很多人围观。那次因为我出手在先，被校务处记了处分，被学校停课在家反思三天。

因为自己的冲动，导致被记了处分，还停掉了三天课程，脸也被对方挠破了皮，青一块紫一块的，身心都受到了惩罚。

我心想：如若自己不那么冲动，不去急着争辩，或许一切相安无事，也不会耽误自己的课程。虽然别人的话说得不堪了点，但如果当做没听见又怎样呢？

无论是 Joe 还是邻居妈妈，亦或是自己，都没有学会土豆的淡然自若，所以最后受到伤害的人还是自己。

那些流言，就像一个个恶魔设置的圈套，想让我们自愿钻进去，受它们控制。越是这样，我们越不能上当。

其实有时候，你越是急着撇清，反而越抹越黑。既然无法控制它，那就索性无视它吧。当负面的诽谤来临时，请给予一个高傲的冷漠脸，告诉别人，你不屑。

毕竟你的心，不是用来装纳污秽的容器，你要腾出一片清净的地界，去接纳更多美好的事情。

对待那些你没有办法抗拒的事情，你就"容他、凭他、随他、尽他、让他、由他、任他、帮他，过几年再看他"。

别人爱说，那就让他说，你只管闭上耳朵，走自己的路吧。

坎坷踩多了，即是坦途

那些难熬的路，难跨的坎，有些人可以跨越，有些人却止步不前。那些跨过去的人，靠的是什么？勇气、毅力、坚韧或是其他。而那些无法跨越，始终不愿相信自己的人，或许应该多给自己一份鼓励，毕竟，所有的荆棘路，只有靠自己走。

如果感觉路真的很难跨越，那就看看别人是如何前行的吧。

一条"简单"的路，他跨越了 20 年

刘一丰6岁以前，与常人无异。6岁以后，他发现自己与别人不同。他行走的脚步开始变得缓慢，同他一起玩耍的伙伴也逐渐离他遥远。

这一切的罪魁祸首，便是他腰上凸起的小包，也是那个小包，埋下了祸根，成了他日后走路的障碍。他患上了"先天性脊椎裂"。

这个消息对于他的父母来说简直是晴天霹雳。但年幼的他自然不知道不能走路意味着什么。父亲的背，是他外出的拐杖，他乐在

其中。

年纪渐长，他才知道他有可能一辈子也无法像别人一样，正常行走。

他有难过吗？有的。

难过的是成为家人的负担。

他有痛哭吗？偶尔。

但他知道哭解决不了问题，坚强，或许才会看到奇迹。

"治疗不乐观，情况不明朗"，是刘一丰最常听到的话语。时间成了毒药，他的病情日渐严重，已经到了无法正常行走的地步。即使是有名望的大医院也束手无策。

但那双因为畸变而被磨出血，伤口深可见骨的脚，没让他停止前进的脚步。

那间几十平方米的屋子，虽然困住了他的身子，却没有锁住他的思想，也没有禁锢他想要拓展视野的愿望。

他开始进入疯狂的读书模式，日夜读诵，与书做伴，与诗为友。他没有朋友，诗书就是他唯一的朋友。

刘一丰虽无法走进校门，但一直保持与同龄人一样的学习进度，丝毫没有耽误。

刘一丰的坚强，令老天为他开辟了一条特殊的路。当他再次回到医院复诊时，奇迹般地可以双脚落地了。

他说，那一刻简直犹如新生，幸福来得那么突然。

突然吗？其实不突然。那些突如其来的幸福背后，都是他一次又一次的练习与不放弃。

你在他身上看到的乐观、坚韧，让你感觉不到他曾经是个"残缺"的孩子。

如今，他利用日积月累自学到的知识，回到了他主治医生的身边，成为他的助理，为更多的腿疾患者献上一份力。

他把原本坎坷的路，走得平平稳稳。那份别人轻易得来的"容易"，在他身上迟到了 20 年，但，幸运终究还是来临。

用他自己的话说是，原以为一生也就那样了，但却莫名其妙看到了希望，还把路走得挺好。

其实他这哪是莫名其妙呢？是他自己多了一份坚守，把那些坑洼的路，都走过了一遍，烂路走多了，没有理由不让他看到希望。

刘一丰的故事虽以"缺憾"开始，却以圆满落幕。

于他而言，路踩多了，自然就平了。

边走边摔，是坦途必经之路

行走在江湖的人，谁不是一边走路，一边摔跤？人都会摔跤，但不会一直摔跤。一直不摔跤的人只有一种，那就是永远留在原地不前行的人。

我的朋友丁耳，就是一个不愿意走路，不愿意摔跤的人。

记得他曾经对我说过这样一句话："没得选，也不想选了。"

说这句话时，他正面临着一个选择。

那会儿他大学刚毕业，面临一个几乎所有人都会挣扎的现实问题：回去还是留下。

回，家里有车有房，进家人安排的事业单位，可以过没有压力，幸福指数更强的生活；留，虽然一线城市机会多，但也必须面对生活的千锤万凿，万事只能靠自己。

丁耳在与自己的思想大战了三百个回合后，最终说服自己回了老家——那座麻雀虽小，五脏俱全的三线城市。

过着朝九晚五，没事就几个好友搓搓麻将的日子。

他的心尘埃落定。

直到某天，他看到那个当初选择留下，那个曾经成绩不如他，方方面面都不如他的同学，在他原来的设计专业混得风生水起时，他的内心才又掀起了几层浪，想要再出去看看。

于是他把"死活都好，我要出去闯一闯，不然老来后悔"这十几个坚定无比的字，抛到他爸耳根前。

但是第二天，他依旧像往常那样起床，一成不变地去上班了。

后来他告诉我，那晚他爸说的一番话，让他犹豫了。

"如果你当初真的那么坚持你的梦想，你就不会那么干脆地回来。退一万步说，出去要从零开始，你在这里的工作已经全部稳定下来，你能保证你不会碰得头破血流再回来吗？与其如此，还不如一开始就不要受伤害。"

他说他退缩了，"虽然现在的生活是一成不变，但我起码可以躺着看未来。而那个胚胎的计划，我没有半点把握"。

于是他的梦，还未成型，就坏死胚中。最后他无奈地摇头：没得选，也不想选了。

多么丧气的一句话啊。他没的选吗？不，他有的选，就像他所说的，是他不想选了。与其说他不想选，倒不如说他没有足够的勇气，去为自己的将来买单。他想走一条一直舒坦的路，但他的心路果真会舒坦吗？想必仍会留下不能磨灭的遗憾。

他爸的那句"头破血流"，才是最后瓦解他勇气的毒药。

丁耳的人生，还没开始走路，就已经"残疾"了。其实，我想对他说一声：路途坎坷，前方迷茫并不可怕，可怕的是你连跨越的勇气都没有。那些连跨越都没有勇气的人，是没有资格谈未来的。

想必他那个混得风生水起的同学，也曾与丁耳一样面临过两难的选择，经受过很多不为人知的煎熬，才成就了今天足够自信的他。

丁耳果真能躺着看未来吗？未必。他应该是瘫着看未来。想必，他连坎坷都不配拥有，因为坎坷，是给那些能受得住千锤百炼的人准备的。

回过头来看，那些走在前端的人，谁又不曾深陷沼泽、深夜痛哭，最后自我调整，重新迈向光明的？

当初马云求职，因外貌"奇怪"多次遭拒，高考落榜后想去当服务员被拒，想当警察再被拒。他顶着烈日，受着冷嘲热讽在大街小巷发传单，厚着脸皮在大街小巷卖商品，受尽白眼儿，连续四次创业失败痛哭流涕。如果他当初轻易退缩了，就没有现在的阿里巴巴。

罗永浩高中辍学，摆地摊、卖药材、卖电脑配件……为了去新东方任教，只有高二学历的他，苦练英语，把自己关在旧仓库里，坚持不下去的时候，就用励志书籍鼓励自己。正是他这一股子韧劲，造就了一个传奇的他。如果他当初退缩了，就不会有现在的成就，更没有现在的锤子手机。

陶华碧起早贪黑卖凉粉，维持一家子的生计，丈夫病逝，两个幼儿嗷嗷待哺，重担全在她身上。她大字不识一个，想尽一切赚钱的办法，摆各种摊，最终用勤奋谱写传奇。如果她当初退缩了，就没有现在的老干妈。

不走坎坷路，哪有坦途人生。哪个人的坦途，可以来得那么容易。经住风，受住雨，经受烈火的千锤百炼，走常人所不能及的路，才能到达彼岸，看得见光亮，摸得着云彩，够得着太阳。

若想要的东西一伸手就能够得着，必先丰其臂膀。躺着的人，永远也抵达不到那个高度。

蔑视崎岖，但一定找对方向

有人说，毕业两年，对于生活，对于未来，依旧麻木，日子过得混混沌沌。

有人说，26 岁了，依旧不知道自己想要的是什么。睁眼，天依旧黑得可怕。

也有人说，工作后，过得越来越矛盾，思想扭成了一根绳，越解越结。

其实，又何尝只是他们，我们都一样。我们大多都经历过这样或那样的事情，我们总是有太多的困惑，太多的焦虑，以至于在追求的过程中迷失自己，在生活的忙乱中措手不及，找不到可以一往无前的方向。

我们都喜欢年轻，向往年轻。却又害怕年轻的时光被自己糟蹋得一无是处。

在迷茫中找对方向，是一件不易的事情。无所谓青春或中年，其实无论处在哪一个阶段，都不可怕，因为这是每一个人的必经之路，经历过后总会找到属于自己的方向。真正可怕的是，我们一直身处沼泽中，不自救，等着别人伸手，妄想别人拉自己一把。

有一句话说得很好：迷茫，都是因为想得太多，做得太少；找不到方向，是因为懒惰太多，经历太少。

一个人什么都不去经历，自然不知道自己想要做什么，自然迷茫。

《月亮与六便士》里以高更为原型的思特里克兰德，就是一个清清楚楚知道自己想要什么的人，所以他才比常人更坚定，更执着。

他有令人艳羡的工作，漂亮的妻子。但他还是为了画画而舍弃了一切，远赴巴黎一家破落的旅馆执笔为生，哪怕忍受贫穷与饥饿。

他是一时兴起吗？一定不是，他人到中年，事业混得有声有色，家庭幸福，有外人看来几近完美的一切。但他还是说抛弃一切就抛弃了一切，一走了之。他所有执着的背后，一定有别人不能理解的原因——那就是人生在某一个瞬间，某一个特定的地点，突然知道了自己想要的是什么，想要坚定去干某一件事。

所以当朋友去找他试图劝他回家时，他才说出了这么一段话："我告诉你，我必须画画儿，我由不了自己，一个人要是跌进水里，他游泳游得好不好是无关紧要的，反正他得挣扎出去，不然就得淹死。"

因为明白了自己心里所属的方向，明白了自己想要什么，哪怕穷尽一切，也要努力去达到。

说为了梦想也好，为了灵魂的自由也罢，总之他真真切切地为自己活了一把，做了自己想要做的事，不顾前路渺茫。认准了自己的方向，他就是非画画不可。

虽然他花了很久的时间，才画出伟大的作品，到死才得到别人的认可。但他的价值，一定不是到最后一刻才被别人认可的。他的自我认可，一定可以追溯到很久以前，也或者说，是他决定要去画画的那一刻就已经开始。

没有一个人一开始就是注定知道自己方向的。他一定是走了很久的路，经历了很多事情，才知道他最终要走上画画的道路。

当一个人，真正无惧一切经历后，路才会浮现在眼前，即便你不去找它，它自然也会来找你，方向自然也就"笔直"了。

人贵在有勇气认清自己，在自我认知的路上，找准方向，稳步前行。毕竟我们没有看穿未来的本领，我们认不准未来，但起码可以真切地认清楚现在。

余华在没有成为一名作家之前，当了 5 年的牙医，终日在病人面前兜兜转转，日复一日。

他原本以为那就是他的一生，但无意的一次，他偶然间发现别人在文化馆的工作，要远比他的工作来得轻松自在。他受不了医院的氛围严格、准点下班的束缚。他觉得写作那种轻松的氛围更适合他，他可以随意发挥。

写作只需一支笔，任意发挥，加上他幼时的读书积累，与源源不断的想象力。于是他果断弃医从文，选择了写作。这一写便一发不可收拾，每换一座城，都从不间断，千锤百炼过后，最终写出了很多令人印象深刻的作品。

他一开始就知道自己的方向是写作吗？显然不知道。否则他一开始就会毫不犹豫地拒绝他父亲为他安排好的工作，不用白白延误好几年。

村上春树 30 岁才开始正式以作家的身份出道，在那以前，他开着一家小店，欠了一屁股外债，从早到晚干着体力活，每天忙着还债，忙得日夜颠倒。30 岁前夕才还清欠款，每天夜深结束一天的工作，才开始练习写作。

他说自打出生以来就没写过小说，不可能洋洋洒洒写出一篇杰作。随心所欲、自由自在地表达出胸中所感、脑中所想并非易事。只是练习的时间长了，看的书多了，他才自然地掌握了某种驾驭文字的技巧。

因为他的坚持与毅力，小店生意变得越来越好，而他的小说也开始获得奖项。后来他专职从事文字工作，他带给我们那些青春里的故事，想必我们也都看过。

他边坚持开店，边一步步去完善自己心中所想，渐渐走上文学大师的道路。

想必他一开始也不知道自己会走上小说家那条道路，因为年少时的积累，加上他的努力，他自然会在那个黑洞里找到一个出口，找到黑暗里的那束光芒。

只有去用心经历生活，你才会知道你未来某天想得到的是什么，这世间，谁不是一边走路，一边发现新生事物的？毕竟未来的路，谁都无法料定。

不必着急认准方向，但一定要踏实走好眼下的路，才可以看得见你未来的方向，用眼下的路来铺垫好你即将要走的路。

你可以自怨自艾，但自怨自艾过后，记得解救自己，反转自己的境况。

例如多做事，少抱怨；多看书，少说话。

身边有这样一位同事，工作总是完成得勉勉强强，问他为什么要这么敷衍。他的答案总是，做着含金量不高的工作，我不确定我要不要一直在这里待下去，不确定的事情，我不想付出太多。

可含金量不高又如何？只要自己蕴含了真心在里面，铜铁也会变金银。像他这种得过且过的心理，即便路走得多了，也依旧看不见方向，找不着未来，因为他从来没有给过自己认清方向的机会。

方向势必是自己一点点探索出来的，急不来，也不必急。事做多了，尝试多了，经历多了，时间就自然会给予你想要的答案。什么暂时的苦难，通通都会靠边站。

你只有在一条认准的道路上，死磕下去，才会有所收获。请记得，唯有行动，才可以让你认准道路的方向。

逃避，不如在困苦中坚持

逃避即拖延。

某种程度上来说，逃避的另一种形式就是拖延。

例如，越面临重大考试，越不想看书；越是明知有可能改变自己境遇的面试，越不着手好好准备；工作中遇到的小麻烦，不想去正视，找各种借口来搪塞应付；宁愿多看一部电影，多逛一次街，多打一次游戏，多跟别人扯扯淡，也不愿回到真正的主题上去思考。

这是一种怎样的心理？

我们可以把它归纳为不够自信。因为害怕面对现实，不相信自己有能力解决问题。害怕自己即便认真了，也得不到好的结果。所以选择用拖延来逃避，用拖延来分散自己的注意力，让自己好过点。

身边有位朋友便是典型的"越大难临头，玩得越嗨，拖得越严重"的那种。

明知两星期后有场很关键的面试，面试前夕，她还在各种嗨，与队友疯狂地通宵打游戏。那种本该利用所有琐碎的时间，进入紧张的备战模式，你在她身上反而完全看不到，她以一副无所畏惧的面貌示人。

等拖到最后，不得不面对的时候，她把临时抱佛脚的心理发挥得淋漓尽致。面试前一夜，她着魔似的看题，复习，想把以前的漏洞补起来，一夜未眠。

第二天，她顶着两只饱受摧残的熊猫眼，一副狼狈不堪的模样，出现在面试官面前。整个面试的过程，因为精神恍惚，没有好好作答。前一晚明明记得的考题，也回答得磕磕巴巴。

然后，自然是没有然后了。她被淘汰掉，面试官把她刷掉的原因是对职业不够尊重，目前不能很好地胜任工作。

本来两个星期的时间，只要她充分利用，把所有面试的考题看得滚瓜烂熟，是完全可以准备好的。

面对这些，她只浅浅地说了一句，无所谓。

当真无所谓吗？不。

她只是为自己狼狈的结果找个台阶罢了。那看上去的无所畏惧，也只不过是脆弱的掩饰罢了。

因为害怕，她选择了最消极，也是最笨的办法。以游戏为虚，拖延为实，来作为逃避最好的借口，试图让自己内心痛快一点。

这就应了那句：多数人为了逃避真正的思考，愿意做任何事情。

后来她说，早知如此，就不必当初了。逃来逃去，绕了那么一大圈，该来的还得来。还不如不逃，老老实实地接受，准备，结果还会好看很多。

在逃避现实那条路上，谁不曾走过几条歪路呢？但我们总是会为自己的逃避，找到各种花样的借口。

我也不例外。

记得有一次，接了个活儿。一个月需要完成60篇稿子，按时交稿，不得拖延。

因为是自由撰稿，时间相当自由。但自由是把双刃剑，如果不懂得自律，结果会很不堪。

本来计划一天两篇，很潇洒地完成。但理想丰满，现实骨感。

一旦碰到难写的题材，我就磨磨蹭蹭，止步不前了，也不想去翻阅任何资料。于是去电影院里休闲，看电影，看各种电影。然后找借口安慰自己：我还有很多时间，先找找灵感再说。

你不允许我拖延，我便在自己的时区里拖延。

但实际上，电影看完，我也没有接着写。我接着看第二部，第三部，直到眼睛受不了为止。如此恶性循环，一直到我不得不写的时候。

我用屈指可数的时间，去赶庞大的数量。结果可想而知，稿子粗糙不堪，没有任何灵气，全部被拒。

本想痛哭一场来安慰自己，但觉得连哭的资格都没有。

造成这种后果的原因，显而易见，是我变相的逃避造成的。因为害怕，所以逃避。因为逃避，所以拖延。没有足够的信心，害怕自己写不好，所以迟迟不敢去动笔。

试想，如果自己以正确的心态去面对它，积极地查阅资料。战胜内心的魔鬼，把每天设定的小目标，分批坚持完成，便不会把时间变得如此拥挤，稿子质量也不会如此不堪。

所以，无论怎么逃避，事情终究还是得回到起点，重新来过。用拖延的心理来选择逃避，只会令自己陷入无限恶性循环中。

那次过后，我便再没轻易逃跑过，会想尽各种办法，战胜自己的恐惧。

与其逃避，倒不如选择适合自己的方式，多坚持一下，把困难化解。

哪怕是最简单的"轻松治疗法"，听能放松的音乐，去无人的地方嘶吼，或跑步洒汗，K歌减压都可以。前提是，宣泄后的适可而止。

或者，更深层次来解决根本问题。

若是面临考试，可以找一个同样需要参与考试的人一起复习，相互监督。渐渐地把习惯养成自然。

遇到重要面试，可以想象你已经入职后的痛快，把它当做你动力的源泉，一点点去准备，解决。

工作中难解的小麻烦，把问题根源一一罗列出来，积极去沟通，而不是等着麻烦来找你。

必要做的事情，拿出破釜沉舟的气势，告诉大家，这件事情，你非干不可，让自己无退路可言。

所有的困苦坚持，都是因为不想日后有任何遗憾。与其逃避，不如痛痛快快地接受挑战，品尝挑战过后的喜悦。

无论是哪种逃避，都是自己无能的表现。

记得以前的一个室友，状态悲观的时候，就一味地想逃离北京，逃离一切的不安全与不稳定。

她说，不想再独自面对那份无力感。

但第二天，她又像没事人一样，正常上班去了，把想要离开的情绪忘得干干净净。

可一旦有不好的事情发生，她就会悲从中来，重新打算着要逃离。

其实，如果她不重新审视自己的内心，不去解决想要逃走的原因，即便她逃回老家，也不会改变任何境遇。她还是她，只是从一个地方，逃到另一个地方罢了。

一遇到困难，我们最先想的就是如何逃跑，因为逃避能换来暂时的心安，但暂时的宁静背后，一定会有更大的漩涡在等着自己，我们不要只图一时的快活，不顾后面的忧患。

与其逃避，不如提前做好准备。

逃得了一时，逃不了一世。有些路，终究还要一个人走，有些苦，还得亲自吃。

没有任何一种逃避的理由，可以当成你懦弱的借口。

逃避是身体的毒瘤，必须狠心把它拔掉，未来才有选择的余地。

与其逃避，不如在困苦中坚持。

因为逃避，最终只会让你无路可逃。

困难不是专属，但坚守可贵

选择一件事，执着一件事，告别浅尝，往深处探索，才能获得意想不到的财富，才能获得生命的广度和高度。

对一件陌生但必须要去做的事情，人往往都有猎奇心，但都只限于止步在最浅的地方。一旦往深了走，还没有被前方的高能吓到，却先自己慌得丢了魂。

经历多了，再回过头来看，身边那些坚定的、充满力量的人，他们并不是与生俱来就优秀。和我们一样，他们也有很多可挑剔的毛病，但他们知道在为数不多的路上如何选择，他们紧紧抓住一根可以选择的绳索，拼命向上爬，一次又一次。

对于那些浑身都充满着"力量"的人来说，有的时候，真的不是因为有路可走，而是无路可退。坚守的是内心的一份信念。

这样的人，我见过。

妮妮便算是其中一个。

妮妮考了三次研，前两次失败，在第三次的时候，终于如愿以偿。

妮妮属于那种不聪明，但很较真的人。

第一次考研失败的时候，父母安慰她，没有关系，再接再厉就好。

第二次失败的时候，父母笑笑，问她接下来怎么办，她说接着考。

她妈委婉地跟她说：考不上没有关系，有很多路可以选。

其实妮妮又何尝不知道，妈妈这句话里包含着太多：考不上就别考了，何必在这条路上死磕。若是再没考上，岂不是又白糟践了一年，青春，金钱，都得不偿失。

那时的妮妮背负着巨大的心理压力，她也一度怀疑自己。那时的她，灰暗，眼里看不见光，前途一片渺茫。怀疑与失落交加，生出一个只想把自己藏起来的心理。

异样的眼光，不好听的话语，比比皆是。最终她沦落到一个无声的世界里，切断了和所有人的联系，跟父母的交流，也仅限于日常。

灰暗了一阵，渐渐生出来不甘心。若放弃，对不起父母的辛劳；那个处处闪光优秀的男孩，可能会挽起别人的手，跟更优秀的人在一起，她只有仰视的份；也对不起自己已经付出的时光和心血，更"对不起"别人轻视她的眼光，眼里心里满处的蔑视。她应该再坚持一次的。

在无数个自我问答里，她把无比纠结化成了无比坚定。一想到考上以后都会笑出声，她没有对暂时的困难妥协，而是死死坚守，一战到底。

她把嘲笑和冷眼用一扇门隔上，一改以前的作风，不断反思，不断总结，在自己身上找原因，对症下药。不厌其烦地一遍遍做题，设定计划，执行计划，优化计划。

白天拼命复习，晚上跑步锻炼。一来增强身体素质，二来减轻压抑。那些日子虽然苦不堪言，但一想到自己没有辜负谁，命运还是被自己主宰着，她就欣慰不已。

她穷尽一切迎战，三战后，终于如愿以偿。她被北方某"985"院校录取。

谈到后来的感想，她说做梦都笑出了声。

　　如果当初她被那些看似困难的事情唬住，也不会成功考上理想的学府。她借毕淑敏的一段话诠释了她当初的执着："真正的坚守，是没有人给予你任何承诺的，流逝的只是岁月，孑存的只是信念。一种苍凉中的无望守候，维系意志的只有心的一往无前。"

　　重要的是，她在苍凉无望中守住了她还值得拼搏的梦想。

　　没有人给她承诺，是她自己承诺了自己。

　　坚守，于她来说，是对未来的向往。

　　如果你看不见前方的路，彷徨，踟蹰，不如坚守在你现有的事情上，你会看到不一样的结果。

　　也不妨多给自己一份信心，告诉自己，多一分坚守，就多一分希望。

　　有人坚守自己的梦想，不断往前。也有人坚守自己的理想，放弃舒适。

　　大奔儿就是为了理想，放弃优越的薪资，奔赴自己喜爱的事业，坚守到底的那个人。

　　大奔儿航空专业毕业，在北京一家不错的单位就职。前不久，他突然做了一个决定，离开了原来的公司，去了另一家收入还不及原来一半的航空单位。

　　问他原因，他说是为了理想。

　　他说，真不是自己太能装，活这么大，头一回为了理想，想献点儿力。他也知道在新单位发展前景远不如原来的单位，生活质量也会大大下降。

　　但他就是想为航空事业献上自己的一份力量，他也坚信他们的航空事业会成功。

　　至于生活，他没有太大野心。大富大贵，他不奢求。凭自己的能力，达到小康水平也绝对不是问题。

如果你看到他为他的理想所付出的：上班最早，下班永远最晚离开，没有双休日，24 小时时刻待命。你就不会觉得他装了。

他一直坚守，毫不动摇。

他有自己内心的向往，有内心的坚定守候。你也许想指着他的鼻头说这是一个现实的年代，你处处都要花钱，拿不出钱的时候，也请别打肿脸充胖子。

但你怎么就能确定，他不会成就更好的自己？他成就自己的理想，也获得更好的报酬，不是更好？

他的航空事业会遇到困难吗？当然会。从事任何行业都会有不同层次的艰辛。但可贵的是，那些一直能够坚守自己内心，有自己信念的人。

坚守，于他来说，是一种责任，也是对理想的成全。

事情或大或小，每份坚守的理由或许都不一样，但是一样难能可贵。

有时候，你有必要摒弃那些冠冕堂皇的理由，才能往更深一步摸索，往更高一步跨越。

我的一位友人，"一个诗歌服务生"，这是他对自己的命名，他说因为自己对诗词有疯癫般的热爱。

他是个有"野心"，有想法的人。不然他也不会放弃安稳的国企工作，带着在虚度了一年多青春所换来的积蓄，重回学习了四年之久的北京。

来京后，他屡屡碰壁，简历所显示的那种动荡，让许多单位对他的稳定性并不放心。他住在阴冷潮湿的地下室里，长期与蟑螂做斗争。反复折腾了两个月之久，才找到一份编辑的工作。

我问他，后悔吗？难熬的时候有没有想过放弃写作，放弃那些精神的追求。

"后悔从来都是愚蠢的，虽然我总是迷恋过程，轻视结果。"

"我只是讨厌无所事事，所以选择离开，即便把日子折腾得不像样，但谁的青春不是这么折腾着过来的。我喜欢折腾，不然我就会像湖中的鱼，一直安稳地游到生命终点，没有波澜涟漪。如果我跃不过'龙门'，那我也要同垂钓者做最后的斗争。"

他说他是绝对自由的，绝不要那样的安稳来扼杀他想要的自由，即便付出的代价，是昂贵的。

他疯狂地阅读，疯狂地写诗。

他目的明确，思想清晰，理智地知道自己要什么，不要什么，一点儿也不混沌。

事实证明，他是对的。

离开他觉得没有价值的工作后，他过得充实，有意义，无论是时间上，还是精神上。

他可以在每个夜晚安然入睡，身子放置在床上，不再有身体和灵魂分割的感觉。

他一刻都没闲着，时间被他安排得满满当当，工作闲暇，他的两个公众号，因为被赋予了他的满腔热血，得到了很多人的关注。

与其说他有野心，不如说他一直在他爱好的事情里，死死坚守，并坚信能看到一个明朗的未来。

于他来说，坚守，是忠诚内心的必要选择。

一句老话说，有些事情，不是你看到希望才会去坚持，而是你坚持了才会看到希望。

那些看似对生活充满着力量的人，又何尝不是经常给自己的信念，多一分微笑和鼓励啊。

所以请你不到万不得已，千万不要放弃，放弃那些可以令你发光的机会。

默走心路，静待曙光

有一句老话叫"但问耕耘，莫问收获"。但真正拥有这样心态的人，却是越来越少了。我们越来越习惯于带着功利心去做一件事，带着可用性的心去结交一个朋友，在一件事没有看到收益之前，我们往往就停止了脚步。

因为在快餐式的年代里，我们凡事都要求一个"快"字。吃"快餐"饭，看"快餐"文，交"快餐"式的朋友，看"快餐"式的电影，做"快餐"式的工作。无"快"不欢，无"快"不乐。

因为不快，就是对时间的不负责任。不快，就会影响下一件事情的进程。

殊不知，人或事物，一旦浮躁起来，盲目地变快，结果都会变得狼狈不堪。

所以我们需要常常与自己的内心对话，倾听内心的声音。哪怕前方的路漫长又艰难，只要我们摒开杂念，默默走路，积累能量，时机一旦成熟，总会迎来一片胜利的曙光。

"音乐诗人"李健在2015年参加《我是歌手》并成为全民男神。

清澈的声线，幽默的谈吐，标准的身材，他以十足的魅力走进了无数少女的心。可是，在这之前他却沉默了近十年的时间。这十年，在外人看来，李健是毫无名气的，也没有多少人对他的未来怀有多少期待。可是，十年的默默无闻，十年的厚积薄发，终究让他迎来了一个全新的自己。

有多少人会给自己十年，去精心雕磨自己？如果不是他给时间足够的耐心，时间也不会如此回馈他的认真与初心。

前一段时间，电影《无问西东》刷爆了朋友圈。但是，实际上，这部电影在七年前就已经筹备，五年前杀青，直到前不久才上映，这中间的曲曲折折只有身在其中的人才能体会。时间如此之长，斥资如此之多，一部献给情怀的电影也给了大众重新思考的机会。如果不是百分之百用心，又如何能得到观众的真诚回应？

湖南卫视的主持人汪涵曾在他的作品《有味》一书中谈到靖港古镇巷子中的木匠，他说"如果我有两条命，我一定拿一条做一个快乐的木匠"。

因为在他看来，谁也打扰不了一个木匠的幸福。木匠的"慢"，木匠的"静"。他们在自己的世界里刨出一个又一个精美的作品，那是一种慢生活里的智慧和成就感，是他所追求的一份本真。

我们常会问自己，这件事情有什么意义？这件事情要花多少时间？做美食的人没有精心烹饪，就带不来舌尖的美味；想追求好身材的人没有坚持锻炼，就不能拥有曼妙的身材。在这个快节奏的时代，我们能否保持住自己的节奏？

相声演员郭德纲最喜欢的一句话便是：台上一分钟，台下十年功。看上去在轻描淡写地说着别人，其实也正是说他自己。他8岁开始学艺，历尽千辛万苦，准备大显身手时，却遭遇相声界空前的低谷。别人劝他另改行业，但他默默坚持了下来，即便没有观众，他也照样深情演绎，依旧满腔热情对待自己要卖力一生的事业。终于，在多少次暗淡的锤炼下，他重登舞台，造就了一个相声界不可复制的传奇。

如果不是有足够的毅力，如果轻易顺从别人的话，如果他不在经历低谷的时候，默默积蓄更多的能量，想必他也不会在相声界站稳脚跟。

我的朋友王菜园，音乐人里的硬汉。从 14 岁喜欢上音乐开始，就从来没有放弃过。2012 年的一场大火，把他烧得体无完肤，深入骨髓里的音乐，跟他的灵魂紧紧相连，没有被烧焦，还是最初的味道。

他说一开始，灰暗、恐惧深深地笼罩着他，他一度把自己搁置在黑暗的边缘，即便再多有温度的语言，都没能平复他内心所受的创伤。

那阵子，他想起了音乐，想起以前为音乐的种种付出，他忽然觉得自己不能轻易被打败，他还有梦可以寄托，他要与时间争分夺秒。

他不再颓废，除积极治疗，做简单的肢体康复运动外，北京301 医院的某张病床，就是他夜晚用脑细胞来创作音乐的天堂。

他与命运赛跑，与鬼神做斗争，把赢出来的时间，都用在了他认为值得的事情上。

沉淀过后，终迎来光明。

如今，除了身上几道勇敢的疤痕，他与常人无异。他作词、作曲、演唱，不断出新专辑，事业与音乐都有声有色。

用后来朋友的话说，王菜园，你活得挺带劲儿的。

他有多少沉默，就有多少隐忍。好在他自我治愈，自我坚强，走出了那条荆棘之路。

每一个人的路，或深或浅，都需要自己用时间用努力去证明。

盒子是一名小学老师，也是我的一位朋友。

2013 年，是她踏上工作岗位的第一个年头。她怀着一腔教育热情，意气风发。与所有老师的初心一样，想在那三尺讲台上发光发热，开辟出一片芳香四溢的花圃。

于是，她把所有的时间和心思都用在了那一块土地上。如何更好地教学？如何让孩子们有一个快乐的童年？如何深受孩子们和家长们的喜爱？在这些问题上，即使一天用上 18 个小时，她也毫不疲倦，乐在其中。

为了当好这几十个孩子的"妈妈"，她把孩子们的每一件事都当成是自己的事，她把孩子们的每一个情绪都变成了自己的情绪。

这条路，一坚持就是好几年。

我问她为何这么较真。她只是淡淡地回答：职责所在，真心热爱。

自然，一切真心，是容不下丝毫粗糙在里面的。所以她讲究了一个慢，从孩子的调皮捣蛋，到暖心听话，她给予了足够的耐心。

当然，她所做的一切，孩子是能感受得到的。他们的回馈是，时不时给她创造小惊喜，会在作文里写童真而又深情的话。

2017 年，她与孩子们走过了小学六年的时光。在毕业典礼上，孩子们与她紧紧相拥，哭成一片。家长们长达几千字的书信，细数着这些年，她为孩子们付出的点点滴滴，"孩子们能在童年遇见你这样的老师是一生的幸运，我们相信，我们的孩子们一定不会忘记他们的启蒙老师"。

是的，她的一腔热血，家长们和孩子们听见了，看见了，感受到了。

几年来，孩子们在远处就向她摇摆着手打招呼，孩子们在旅游时为她带回的小礼物，孩子们递给她的小纸条，孩子们对她的天真笑容，对她来说，便是最好的报偿。

有些路看似是一个人在走，却有无数双隐形的手在背后给予了力量；有些事看起来毫无收获，却给了你精神上最好的富足。她庆幸她一路的坚持，这世间，有多少东西比真心更珍贵呢？

无论是生活中普通的我们，还是闪光灯下的他们，"有多少所谓的闪光，就有多少灰暗时刻，伟大是用卑微来换取的"。有些事需要时间来证明，静下来走好自己的路，总有一天会等来属于你的那片天。

每一件事情，只要赋予了真心，无论时间长短，最终都会给予你肯定的答案。

感恩，照亮你路的人

人类，终究都只是地球上，极其渺小的生物。在自然面前显微弱，在灾难面前如蝼蚁。

我们之所以能在大地上，或迎着光芒前行，或功成名就，或幸福或快乐，正是因为爱与温暖，一尺一寸包裹着我们，丰富着我们的个体，才成就了足够丰富的世界，才彰显出人生珍贵的意义。

那些无法抹灭的爱与温情，皆是来自身边每一位亲近的人：养育我们的父母、给予支持的家人、教予知识的老师、悉心陪伴的爱人、不离不弃的朋友、帮助度过难关的同事，以及生命中出现的每一位贵人。

正是因为这些人的陪伴与帮助，世界才散发无限的光芒，滋润着每一个人的生命。

那些看得见的，看不见的，光芒万丈的背后，都是或深或浅的恩情。

阿里巴巴创始人马云，他用 2000 万美元回报当初的 200 澳元。如果没有当年热心的 Ken，也许不会有他现在的成就。他用善意回报那些久远的记忆。那些旧时光，他一刻也不曾忘记。他心存美好的信念，感激着 Ken 当年所做的一切，在商业这条道路上，始终心存善念。

他说，人不懂得感恩，再优秀也难以成功。他的念念不忘，他的执着与努力，成就了他了不起的人生。当然，他回报的远远不止是金钱，更是他与 Ken 坚不可摧的友谊。

一个懂得感恩的人，他的世界是宽敞的，明亮的，快乐的。相反，那些不懂得感恩的人，永远只会在狭隘的窄道里行走，永无光明可言，因为他们的内心被污垢深深地蒙蔽着。

那些千里报恩的人，除了马云，还有李嘉诚。

早年还未取得成功的李嘉诚，因为别人借予他的一把伞，20 多年一直念念不忘，无论走到哪里，都带着那把伞，寻找伞的主人。即便成为华人首富之后，还是不忘初心地寻找，最后找到送伞人的时候，他主动给对方 10% 的创业股份当做还礼。

于他来说，亏欠别人，就是亏欠自己的灵魂。只有感恩，才会让自己的灵魂得到救赎。感恩别人，亦是感恩自己。因为心灵欠缺别人的那一块大洞，会被填得满满当当。

电影《解忧杂货店》里，歌手张维维一生都在感恩，感恩那个对她人生有莫大帮助，治愈她心灵孤独的人。

她站在灯光华美的舞台上，数度哽咽。

缅怀童年时代领她入门音乐事业的大哥哥，缅怀在大火中不顾一切牺牲自我，拯救她的秦朗。

秦朗教她的那首入门歌曲，她登台一次，便要演唱一次。她用歌声表达怀念之情，以及她再也无法回报的愧疚之心。

因为于她来说，只有经常演唱那首歌，才能与她的恩人一同分享原本也属于他的荣耀时刻。她用另一种方式在感谢着昔日帮助过自己的人。

她用爱成全别人，也用爱成全自己。她没有选择遗忘，是因为遗忘就是对爱莫大的亵渎。

我们被爱温暖，为爱成全。在念念不忘里，绵绵长长。而那些教会我们成长的故事，无论长短，听着总是能感动人心。

《无法触碰》里原本不在一条平行线上的两个人，他们彼此扶助，彼此感激。一个教会他看到未来的幸福，一个教会他如何尽量地享受人生。他们的故事也更教会我们如何珍惜友人，感恩朋友。

《心灵捕手》里数学教授耐心解开问题少年的心锁，使他恢复对人性的信任，收获人生重要的一切。这个故事教会我们如何懂得感恩每一位良师益友。

同样，一个人的成功，没有其他人的烘托，是无法走高走远的。你无法单枪匹马闯世界。相反，也只有时刻记住别人对自己的友善之恩，才能走得更高更远。

于爱而言，一生牵挂你的父母，不留余地地付出，倾尽所有去爱。无论你是辉煌还是惨败，无论你是人前的抬头万丈，还是人后的低头丧气，他们始终无条件支持你，做你最坚强的后盾。

陪伴在你身边的爱人，为你的加班彻夜等候，病房里为你送来一碗鸡汤，你在外面受尽委屈时细语安慰。

困境时及时出现的朋友，朋友望向你的坚定的眼神，加班时一声轻轻的问候。

肯定你能力的上司，给予你充分的信任，遇到挫折时给予你鼓励。

大到决定人生脉络之事，小到端茶递水。

　　每一个人的善良，于你都不是理所当然的，都是一份情意所在。请不要随意辜负或消耗那些珍贵的情谊。

　　而多少人，总是容易忽视别人对我们的好，把别人对自己的付出，当做理所当然。

　　没有一个人是真的欠你，非要还你不可。帮你是情分，不帮是本分。

　　人一生贵在遇恩，知恩，懂恩，感恩。

　　你什么时候需要感恩？

　　只需给你基本保障养你长大的父母，却额外付出他们许多的时间、心血、精力来培育你。你需要感恩，因为不是所有父母都能如此。

　　只需完成教课任务的老师，却不顾你的拒斥，苦口婆心劝你上进，育你成才。你需要感恩，因为他们本可以放任你不管。

　　你迷路，在马路上询问路况，热心回复你的陌路人，你需要感恩，因为他们本无义务如此。

　　工作期间，你让同事帮忙带的早点，你需要感恩，因为人家本可以拒绝。

　　爱人为你做的每一顿饭菜，你需要感恩，因为这里充满了爱。

　　你困难时，别人的雪中送炭，你需要感恩，因为这可遇不可求。

　　你该如何学会去感恩？自然，从小事做起。

　　心理学家说一个人在 21 天内，连续做某件事，就会养成一种习惯。那你就在 21 天内，每天让自己去记一件值得感恩的事情，任何细微的事物都可以。

　　渐渐地把感恩当成一种习惯，把它当成生命里不可切割的部分。要时时铭记，无论恩情大小，为成全别人，也为成就自己。

　　我们一生有太多无法道尽的谢意，与难以报尽的恩情。而唯一能做的便是，心怀善意，常怀感恩之心，以宽宏之心对待世间每一个相遇之人。

因为懂得感恩，亦代表着我们的道路会更宽更广。你会看见无限的细微之光，聚拢，纷涌而至。

再好的同伴，也只是短暂

你知道，谁也不能陪我们一生。总是会因为这样那样的理由，和不可抗拒的因素，迫使我们分离：中学时期的一次转校，毕业后的各奔东西，工作时的远行调动，感情不和的曲终人散。

你所想要的陪伴，始终是你的幻象——不愿意面对的现实。我们终究要明白，这世界上除了你的影子，没有人会永远陪伴你。父母，终会故去；朋友，终会远去；爱人，会有离开的那一天；孩子，会长大。

而我们终究要面对赤裸裸的现实，在那些无奈的分离下，学会独立，学会坚强，学会成长。

记得小时候曾有一个很要好的小伙伴，终日形影不离。会试穿彼此的衣服，一起问父母要零花钱买泡泡糖，玩捉迷藏、木头人，放学后一起写作业，形影不离。

但后来因为父母的关系，我迁移到另外一座城市，切断了一切联系。现在也只剩下了一点零碎的记忆，那些要一起长大的轻微诺言，早就烟消云散。

适应了一阵孤独，又重新开始结交新的小朋友。

高中的时候，一座城市到另一座城市的跳跃，陌生的同学，好不容易建立的友情，到最后，也无踪迹可寻。曾经一起走过的食堂，逃过的课程，合照的身影，因为选择的学校不相同，只在留言册上写下一句话，就匆匆一别。

大学最美的时光，上下铺的友谊，耳边的窃窃私语，也抵不过各奔前程的慌张。

说着说着就走了，走着走着就散了。我们又不得不在重新适应、选择、投入与抽离里无限循环，循环着那些在一起时的真切，别离时的无奈。

感叹那些曾经的童真，眼前的阳光，可以在时间的发酵里，变得无比敷衍。

记得 2016 年春节参与的一场小学同学聚会。

桌上的一群人，需要不断地寻找话题来缓解冷场，甚至有人根本就不认同这样一场聚会的意义。吃饭、喝酒、K 歌，低头看手机……曾经的山间田野就成了如今的模样。

早就忘却，曾在同一个学校，同一个班主任，同一间教室中走过的最童真的六年。

也忘却了操场旁的篱笆墙下，马路边的大河流旁，教室后的树木丛中度过一个又一个课余时间，田间山野里奔跑的欢笑身影。

虽然后来念了不同的学校，走上不同的工作岗位，还保持着各种联系。但这场聚会，因为人生经历的不同，给彼此的人生观和价值观带来了前所未有的改变。

那种感觉，让我不禁想起了鲁迅先生所写的《故乡》。里面有一段描写了他和童年玩伴闰土多年之后的重逢："我这时很兴奋，但不知道怎么说好，只是说：'啊！闰土哥，你来了？'"

但他那些角鸡，跳鱼儿，贝壳，猹……一句都吐不出口外去了。

曾经相依相伴的好朋友，也还是抵不过岁月的婉转，生活的断离。

无论是小学、初中或是高中和大学，等等，相聚的人都是曾在一个"战壕"中拼搏过的同窗之友，甚至是挚友。经年之后的相聚，也许我们都只是想找回曾经的感觉罢了。

其实，对旧友谊的怀念，也许只是自己对过往的纪念罢了。又或者，我们怀念的人或事，也只是一个旧时光的象征。变了的就成了曾经拥有，于是，我们在人海茫茫中相遇，又在茫茫人海中渐行渐远就成了一种必然。

明白过去与未来，陪伴你的，终究只有自己。谁也无法和你一直同行。

《山河故人》里说：每个人都只会陪你走一段路。

所以主人公沈涛，坦然面对父亲的生死，冷静对待自己不幸的婚姻，学会承受亲人疏远自己的痛苦，有勇气面对昔日伤害过她的故人。

她知道很多人都会在身边，但谁又都会离开。她只能在前行中，练就一身勇气，来战胜孤独。

每个人终究要面对各样的别离，谁都不会例外。

12岁那年，我目送着奶奶离去，亲手为她盖上寿衣。她安详地闭着眼睛，仿佛从来没有来过这个世间。

一想到12年一起生活的点滴，那些年月的陪伴，温暖过我的话语，温饱过我的饭食，缝补过我的衣物，今后都不会再出自同一个人之手。想到再也见不到她的场景，不免肝肠寸断，流尽最后一滴眼泪。

直到多年后，还是没有学会潇洒地告别。但不知不觉间多了一份从容，少了一份胆怯，可以试着向过往说再见。

我们不断地向前，不断地相遇，不断地别离，对于那些故人，故土，既要有怀念的情怀，也要有放下的勇气。

亲情，友情，爱情的断舍离，都是在眼泪里泡出来的地久天长。

而你，不要害怕独自前行，要学会适应孤独，学会坚强，学会独立。只有学会这些，才能让你不依附任何人也照样能活得精彩。

如民国时期的张幼仪。

张幼仪与徐志摩离婚后，没有丧失信心，也没有依附任何人，反而优雅转身，上演了一部励志大剧。

离婚后的她化悲痛为力量，投身在自己的事业中，屡创佳绩。

离婚三年后，曾经被前夫讥讽为"小脚与西服"的张幼仪，赢得了前夫的尊重。徐志摩在给陆小曼的信中，这样赞美自己的前妻：一个有志气、有胆量的女子，这两年来的进步不少，独立的步子站得稳，思想却有通道。

得到那个曾经无比嫌弃自己的男人的真心褒奖，是多么艰难的事情，张幼仪在华丽转身后，给自己的人生赢来了无数的鲜花与掌声。

无论哪种情谊的舍弃，如若学不会坚强，学不会独立，学不会转身的潇洒，那么你注定放不过自己。

你也要像张幼仪一样，学会离开时的潇洒，不要沉沦于过去。

在遇见下一场相聚时，你也要记得适应一个人吃饭，一个人逛街，一个人看电影，一个人打游戏，一个人旅行，一个人奋斗的场景。

既然别人注定只能陪伴自己走一段的路程，那么剩下的路，请让自己勇敢一点往下走吧。

将时间"浪费"在你认为对的事情上

　　人生短短三万多天，如果因为健康疾病问题只能活到 70 岁，那么就只有 25550 天，再除去睡觉的时间，减掉一部分吃喝拉撒，你我的时日，是可以清晰地计算出来的。

　　正是一眼即可望穿的未来，我们更应该把宝贵的时间"浪费"在自己认为对的事情上，才对得起所"浪费"掉的时日，这种"浪费"，也必将成为我们日后最宝贵的财富。

　　凡是我们认为对的事情，值得的事情，我们就应该把时间慷慨地献出来，全部砸在我们所认同的事情上。然后，不必怀疑，不必困惑，死磕到底，磕出一条有意义的道路来。

　　记得曾看过一篇新闻报道：一名 32 岁的女子，因为学历不高，被重点大学的男友妈妈所嫌弃，男孩迫于家庭压力，向她提出分手。

　　她悲愤回乡，在宁静的山村里，把一栋废弃的土房子，改造成了一栋"童话屋"。

　　被男友抛弃，她原本脆弱的心更加脆弱，她的自卑感里再次添上厚重的一笔。还好她没有放弃自己，她找到了自己生活的意义，她化悲痛为力量，一砖一瓦筑建属于她的童话小王国。

不仅如此，她还学会了摄影，因为爱好西方的油画，她把油画里的美感，用自己独有的味道展现出来，一尺一寸，出现在她的长镜头里。

因为对生活的认真，很快她的"世外小桃源"被人所熟知，很多人慕名前来找她摄影、拍照，而那些游客们给她的小费，完全可以支撑她现在的梦想。

面对镜头的时候，她快乐极了："如果不是前男友的成全，恐怕我找不到人生意义的所在，我想我在那里（城市）活上一百年，也不会快乐。"

是的，她现在所感受到的快乐，是因为找到了她存在的意义。更确切地说，她看见了一道光，是劈向未来的。

而那道光，为她照亮了前行的路。她会把余生，都奉献上，与她生命中的意义为伍。

她所有的时间都用来精心照顾自己的生活，安置她的童话小屋，充实而有意义，她乐此不疲。

有人快乐，想必是因为找到了自己想要做的事情，可以坚定不移。有人迷茫，是因为没有找到生命重心所在，彷徨踟蹰。

但只要在迷茫无趣里跨出了第一步，余下的路上的困难，就会为你第一步的勇气，开始让路。踏出了第一步，就意味着走向了万万步，难就难在你有没有勇气跨出第一步。

很多时候，我们因为找不到自己的兴趣点而茫然，宁愿在游戏或肥皂剧里打发无聊的时光，也不愿意多花一分钟去寻得自己的爱好，任时间荒废。

其实所有的兴趣都是自己在生活之余去发现的，只要多用一份心，多用一份情，就会把一些新鲜小事物吸进眼睛里。

一天除去上班的时间，我们还拥有很多自己的时间，我们可以利用一些小爱好去填补自己的那些漏洞，让生活变得更美好更有意义。

你可以利用你的闲暇时间，动手做个手工活，或者给花浇点水，把屋子收拾干净，与知心朋友对话，总之不要让自己变得太懒散。把所有细微的活，干得细致利落。

你会在那种细小的事物里得到一种享受，那种享受是美好的，愉悦的。

我有一位闺蜜，她就是那种很会"忙里偷闲"的人，她那种忙里偷闲，是把自己的事情安排妥当之后，再去做自己喜欢做的事情。

她尤其喜欢做手工，她说那些原本七零八落的东西，因为在自己的拼接下，变得生动起来，那个时刻，她是满足的。

对于她来说，与其把时间打发在一些无聊的没有意义的事情上，不如多花些时间去丰富自己的爱好。

年纪越大，我们难免会越来越珍惜时间，不会去参加各种无聊的酒局，也不想再去见那些所谓的"吃喝玩乐"的朋友，不会在后面议论谁的不是，不会过于在意别人对自己的评价，也不会去看对自己没有用处的书籍，因为越来越理解时间都是属于自己的，青春有限，时间有限。

曾经的我也不是一个太在意时间流速的人，挥霍时间，浪费时间。但吃过一些恶果以后，也渐渐懂得了珍惜时间。工作以后不再随意挥霍，利用所有时间，完整自己。下班不再东跑西跑，宅在家与自己独处，洗三两件衣裳，做一顿可口的饭菜，看一本喜爱的书籍，看一部想看的电影。

　　周末喜欢泡泡图书馆，享受书籍带来的浩瀚知识，也喜欢去咖啡馆喝一杯，看看窗外匆忙赶路的行人。

　　独处的那段时光也给自己带来了很多乐趣，我学会了沉思，学会了反思，学会了规划，懂得了与自己内心对话。

　　生活里有太多美好等着我们去发现，去接纳，我们实在没有太多时间把它浪费到没有意义的事情上。

　　世界很大，脚下的路很长。愿我们少一点借口，多一点真诚，尽管遵循自己的内心，与时间相伴，与美好为伍。

　　可以辜负过去，但请绝不要辜负未来。

我们被爱温暖，为爱成全

在念念不忘里，绵绵长长

二　用高峰的心情迎接低谷

这个世界有时候硬邦邦的，有时候软塌塌的。当我们开心、伤心，当我们希望、失望，我们庆幸心里总唱着一首歌，让硬得不能再硬的世界不至于硬到心里，让软得不能再软的心不至于软得塌下来。

——《麦兜响当当》

别退缩，身后更迷茫

　　如果你正处在迷茫期，那么你应该庆幸，这证明你正在成长。还有很多人，连迷茫都不会，因为这些人根本没有想过未来。

　　为什么迷茫？

　　因为你正在做的事，与所付出的不成正比。

　　对一份没有前途的工作，迟迟下不了留下还是离开的决心。

　　无论你做得有多好，总是会被别人否掉你所有的能力。

　　没读多少书，也没有一技之长。

　　在别人的建议里，迷失了方向。

　　之所以迷茫，无非就是因为看不到，一个可以令你为之欣喜的未来。但迷茫，是人生的常态，只要你能跨过这一个阶段，一切光明都会随之而来。

　　曾经有很长一阵时间，我都在迷茫期里痛苦地挣扎。做着自己不喜欢的工作，也没有目标，浑浑噩噩，更不知道未来在哪里。

　　工作时经常对着电脑发呆，上司交代的事情也完成得极为敷衍。晚上可以对着天花板一宿宿的失眠。

越想越难过，越想越想不到出路。因为没有目标，便丧失了一切行动力和思想。

人一旦缺乏特定的目标，一切都会变得徒劳。

那一阵，我宁愿看很多没有营养的电视剧，也不愿意找别人多交谈一句。即便与别人交谈，也是无止境地抱怨别人的不是。

我完全没有意识到，自己在浑浑噩噩里，白白浪费掉了很多宝贵的时间。

那样的日子持续了三个月之久。

直到朋友的一番话让我重新审视了一下自己的境况。

他告诉我，夜深人静的时候，仔细想一下，自己真正要的是什么。如果知道自己想要的是什么，一切都会迎刃而解。既然自己做着不愿意做的事情，那就不要强迫自己去做。如果没有目标，就先设立一个小目标。

是啊，一直以来我根本就没有想过，自己真正想要的是什么，也从来没有坚定过自己的任何想法，更没有意识到自己的错误。

当天晚上，我便认认真真反思了一下过去的自己，并详细地规划了接下来准备做的事情。

我不再混日子，混工作，混青春，混自己。一封辞呈递上去，辞掉了过去。找了一份薪水不高，但只要自己肯努力还算有前途的工作。把每天制定的小计划都规规矩矩地完成。

半年后，我收获了不一样的自己，精神与物质都得到了极大的自我满足。

想必所有的迷茫，一定事出有因。既有因，便要对症下药，才会有果。不管你现在做的工作，是否与你的付出成正比。你一定要相信，给予时间足够的耐心，它一定会还给你想要的答案。你只要认可你现在的工作，就不要把时间浪费在无谓的抱怨与猜疑上，多点行动落实到实际上。

只要在你认定的一件事情里，坚持下去，你就不会有那么多的彷徨和迷惑。

亦如法国名著《小王子》一样。小王子与他的玫瑰，或许会给予你在坚持道路上的一点指示。

小王子精心栽培过一朵玫瑰花，对它无微不至，细心呵护。他觉得那是一朵特别的花，因为全世界只有他拥有一朵那样的花。

但当他去了地球之后，他发现仅一个园子就有5000朵和它一模一样的花。小王子才明白他的花没有什么特别之处，他拥有的只是一朵最普通不过的花。

但他后来渐渐懂得，他的花，跟园子里的花还是不一样的，因为他给那朵花浇灌过，给它罩过玻璃罩，对它用过心，为它摘过毛毛虫，他们有过深层意义上的对话。所以它还是那朵独一无二的花。

因为小王子对他的花倾注了爱心，花了时间和精力，他自然觉得他所培育的花，是世间上独一无二的。

正如职业一样，正如你所确定的事情一样，如果你倾注了你全部的爱，不留余地的付出，你便不会在你所从事的事情上后悔。能不能成功就看你肯不肯在你的那朵"玫瑰"上花时间去打理。

你要先在你的职业上努力，才能获得你的兴趣，才能肯定你的价值，就像小王子一样，如果他没有付出，就不会获得他理想中的挚爱。

所以你要先去付出，哪怕你做着最平凡的职业，只要付出足够多的心血，也会收获不一样的精彩。

所以先认真思考，选择一份职业，然后百分之百地去投入。

如果知道自己当初工作状态不够理想，就要找机会调整。不想做的工作，就要勇敢一点抉择。不要一边说着离开，还一边混着工资。

即便你做得最好，还是被别人一口否定，也没有多大关系。你的成长，你的付出，终会有人会看到，真正有实力的人，最不怕的就是时间的考验。

如果是因为学历不高，没有一技之长，而感到彷徨，那大可不必。知道学历不高，为什么还不用其他来弥补自己的不足？为什么不比别人更努力？成本最不高的就是书，为什么不去多翻阅几页？没有一技之长为什么不去锻炼？什么行业都行，难得的是深入。最终的答案只能是怪自己太懒惰。

做到这些，如果依旧消极，你要做的就是：

卸下你浮躁的面具，给自己多留出一点时间，审视自己的内心，尝试借用外力转移一下自己的注意力。例如：读传记，看历史，健身，旅行，与正能量的人交谈。

停止内心的一切消极对话，给自己多一份信心，并暗示自己比自己想象中的强大。你要时刻鼓励自己，暗示自己，你并不比别人差，你可以负重前行。

给自己设立一个标杆，首先模仿身边的人或其他你想成为的人都可以。这样，你就会照着别人的步伐前进，去模仿他，超越他。

你要知道，最终能拯救自己的人一定还是自己。别人说得再多，最终也只是善意的建议，实施的人还是自己。

千万不要以一副"等我准备好了再说""等我准备好了再上班"的姿态拖延下去，把迷茫的窟窿越捅越大。

你要知道，真正强大的人，从来不会退缩，只会在迷茫里越挫越勇。

电影《当幸福来敲门》中的克里斯，就没有被当下的贫困所打败。如果面对妻子的离弃，放弃对生活的追寻，就自然不会有他日后的成功。显然，是他的自我进取，解救了自己。

《百元之恋》告诉你，最"废柴"的人也会有春天。即便是无所事事、游手好闲，没有目标，没有激情的人碰见自己的爱好，也会为之改变，去努力博弈一个明天。

谁都会迷茫，但即便迷茫，也不要放弃给自己一次振作的机会。你不需要处处向别人展示你的可怜，你只需要重新点燃对生活的热情。

千万别想着在迷茫里退缩，那样既一无所获，也会令你的处境更加难堪。前路是可以挣扎出来的远方，但后面一定是那深渊万丈。世界从来都是现实的，不会因为你迷茫，就对你格外关照。

休息的资本，你不一定有

比你优秀的人，比你还努力

我身边有两种人。

第一种是足够优秀，但始终不肯停歇脚步，努力攀爬的人。

第二种是碌碌无为，却经常哭天喊地，懒懒散散的人。

这两种人，都不在少数，有意无意地成为极其现实的对比。

朋友柚子即是第一种。

她，国内名牌大学毕业，在一家互联网公司上班。没有节假日，加班加点是常态。她学习时刻苦，工作时勤奋，非常努力，你几乎看不到她闲暇的时刻。

她每天到单位最早，晚上总是最后一个离开。一天工作的时间不会少于 14 个小时。

最主要的是，她的家境优渥，即便她不这么拼，也毫无关系。她的家族生意非常强大，随便一块产业，都足够让她生活得非常舒适，根本无需这样拼命。

但优秀是一种习惯，她本身的光芒是不需要借助任何外力就会发光的。你会在柚子身上看到：比你优秀的人，比你更努力。

非黑即白，葡萄就属于第二种。

她二本大学毕业，选择了自己不喜欢的专业，毕业稀里糊涂随便进了一家公司。

她的生活跟她的性格极像，什么事都可以随便。但唯独有一件事，她绝不随便，也是绝不能逾越的底线，那就是绝不加班。哪怕周六日霉在家里，她也不会去公司把她之前遗留的工作做完。

但她不知道，任何的一家公司，都不需要随便的人。

是因为她家境的优越感导致这种行事风格吗？据我了解，并不是。她父母只是普通的工人，没有多余的钱来负担她的吃喝玩乐。而她自己光房租就要大几千，扣除其他的费用，一月所剩无几，更没有多余的钱来投资学习。

但她还是那种一边不努力，一边抱怨生活委屈的人。

在北上广这样的大城市生活，只有不断地超越，才能存活下去。你不跑，总会有人跑，大城市最养不得的就是闲人。

如果你不奔跑，不超越，你就只能被黑暗腐蚀得体无完服。自然，葡萄的最终选择还是凄惨地回了老家，离开前，她说：每天都有种要活不下去的感觉。

不偷懒，为自己的前途铺路

那些出身比自己好，成绩比自己好，什么都比自己好的人，却比自己还要拼命，还要努力。再看看自己，不是自怨自艾，就是懒懒散散。

23岁以前的我，就是那种经常自怨自艾，懒懒散散的人。我成绩一般,工作一般,什么都一般,却还经常叫嚣着活得太累,压力太大。

那时的我,从来不会好好思考时间流速的问题。总以为我有大把时间可以用来挥霍,用来消遣。总是不把时间当回事儿,一天可以做完的事情,一定要拖到第二天甚至第三天才能完成,结果还并不见得美丽。

而那些浪费掉的时间,都被我用来打游戏,或疯狂地追各种热播剧。

我总会安慰自己,找各种借口来搪塞自己,我什么都没有,但我有时间。什么是对?什么是错?我没有想过,年少青春里,能让我开心的事,就是对,就是值得。

当然,这种自认为的"值得",最后是付出了代价的。代价有小有大,而我当时的代价是——考试成绩不理想,挂科是常有的事情,被嘲笑成"永远成长不了的小瘪三"。跟我同一专业的人,早就没日没夜东奔西跑,为自己的前途铺垫好了一切,同时拿到了好几家大公司的实习 offer。

珍惜时间,你并非上帝的宠儿

现在回想,如果当初肯把时间花在"正业"上,或许我收获到的,不一定是大家的后脑勺,而是一张张热切的笑脸。

后来我用了很久才明白,你不尊重时间,时间也会反过来嘲笑你。

工作以后,我把以前所荒废的时间都尽力弥补起来。因为明白自己离那个想要的高度,还有一定的距离。把时间过得认真,把日子过得精致,把自己打理得有条不紊,是我当下必要做的事情,因为我不想被时间再嘲弄一次,成为彻彻底底的可怜人。

我利用所有琐碎的时间，拼接成一个有效的整体。上下班的路上，吃饭的时候，无数个北京清晨夜晚的 840 公交，都有我低头翻阅工作相关书籍的影子。连蹲马桶的空隙，我都不愿意放过，时间长了，就会觉得屎不够拉，书不够看。

只有对时间给予足够的尊重，它才会同样尊重你。半年的时间，我的薪资有了微妙的变化，变了两个数字。

做任何事情，哪怕只有碎片的时间，只要里面注入了用心、认真的成分，它的结果就会在无形中明朗起来。就像某种事物被赋予灵气一样，看似不可能的事情，也变成了可能。

明知自己的起点比别人低，成绩比别人差，就更应该拼尽全力，利用好当下的每分每秒，全力以赴。

时间那样宝贵的东西，是最不值得一无所有的人，去挥霍的。

若没有休息的资本，请更加努力

若想跟自己赛跑，就要停止无谓的白日做梦，把行动付诸于实际。

如果自己停下脚步，你身边的人分分钟都会超越你，大环境就会腐蚀你。

过去的事情，便让它去。从今日起，你要好好看清楚你的现状。银行卡里的数字是否令你有足够的安全感，你的工资是否可以足够支付任何一场突如其来的医疗费用，你的时间是否可以撑起你未完成的事情，孩子的教育基金你是否准备好了，你想出去旅游的基金是否随时拿得出手。

如果没有准备好，你就没有呼天抢地的资格。

你要记得随时提醒自己，留给你的时间并没有那么多，每一个人的时间都非常有限，在有限的时间就有必要去做有价值的事情。

　　如果坚持不下去，不妨看看身边同一起跑线的人，不妨多听听比你优秀的人的意见。看他们如何挥汗如雨，看他们是如何咬牙前行的，你总要为自己的坚持找一个原因。

你若想赢，便不能停

你的对手，不会因为你的柔弱就放过你，他们会更快更狠地切断你要走的道路。只有坚持不懈，不放松任何警惕，你才能有重新赢得比赛的可能。

这段话，或许用来总结那部印度片《摔跤吧！爸爸》更为合适。因为它无不展示着奔跑的决心与理念。

想必看过这部电影的人都知道，这是一部非常令人震撼的励志大片，震撼的不是视觉上的效果，而是人心带来的力量，一次次喷薄而出的力量。

影片里，一位伟大的父亲培养了两个摔跤冠军，一个是世界级的，一个是国家级的，且都是女生。之所以强调都是女生是因为印度女性一直都是地位极其低下的，除了锅碗瓢盆酱醋茶，便是相夫教子，没有任何自主权。但这部电影告诉我们，任何女性都有争夺梦想和荣誉的权利。

有些人会因为外在因素放弃自己的梦想，但有些人，会想尽一切办法将梦想延续。

例如马哈维亚。

他是前国家摔跤冠军，因生活所迫，不得不放弃继续摔跤，但他的梦想却从未停止。

他把希望放在他妻子的肚子里，希望让她生个儿子，替他完成他未完的梦想，赢得世界级金牌。但一连四个孩子全是女生。他原本以为梦想就此破碎。但擅长发现别人优点的他发现，男生能做的，女生也一样可以做到。

他突然"开窍"了。通过他女儿和邻家男孩的一场意外"斗争"，他在他女儿吉塔和巴比塔的身上看见了她们的摔跤天赋。

于是，这位严苛的父亲，迫使她们走向了魔鬼式的训练之路。为什么说是迫使？

因为一开始，吉塔和巴比塔是极其不愿意练习摔跤的，她们在心底埋怨父亲的"残酷"和"无情"。

怎样残忍法？

清晨五点，当别的孩子还在蒙头大睡的时候，瘦弱的她们已经被迫离开温暖的被窝，跑在破晓的微光里，一边挥汗，一边挥泪，忍女生难忍之各项体能极限，在沙土里被男生丢沙包一样甩来甩去。

不仅如此，她们一头美丽的长发也被无情剪断。

别人想要有的美好童年，她们也想有。为此，她们找出很多理由和借口来放弃训练，不是装腿受伤，就是把摔跤场的灯泡弄坏，或是偷偷调父亲的闹钟，让他睡过头。

她们不仅要忍受心灵的创伤，还要遭受外界的伤害。村民们指指点点异样的眼光，让她们觉得自己是异类，女生不像女生样，各种质疑、冷嘲热讽像张密网一样扑面而来。

直到与她们同龄的一个女生对她们说出一番话，才让她们心甘情愿地接受训练。

什么话？

大意是：起码你们的父亲是真正爱你们的，给了你们梦想的选择，让自己的一生有事业可追寻，有梦想可寄托。而不是像我一样，早早嫁人，终日与锅碗瓢盆、柴米油盐为伍，相夫教子过一生。

这两个女生听后恍如新生，省悟过来，不用父亲督促，自己就是自己的督促者。

清晨练，夜晚练，拼命练，往死里练。一个个狰狞、纠结的白天和夜晚，汗水与艰辛终于练出一身本领。在大大小小各个赛场声名鹊起，获奖无数。吉塔前后赢得三枚国家级金牌，她以为可以暂缓口气。

但父亲的要求远远不是这样，她的父亲告诉她，这还只是开始，要拿国际金牌还要不断努力。

进了国家体校的吉塔似乎不以为然，她蓄起了长发，染红了指甲，出去参加各种聚会，看各类电影，她想要放松，她想要喘气。

她想喘气，但谁又会给她时间，她的对手能吗？显然不能，因为心不在焉，于是接下来的一场场战役，她屡战屡败。

那时的吉塔才想起她的父亲，那个一路教导她，从童年陪伴至青年的父亲；那个已经有些白发，身体发胖的父亲；那个曾经国家不支持他，妻子不理解他，女儿埋怨他，村民嘲笑他的男人。

她重新剪短了头发。告诉父亲，她知错了。父亲心再狠，也不会发狠到女儿身上。他从遥远的家乡，一路追随女儿到百里外的体校，授她动作，教她技巧，自始至终，他与她的梦想牢固地绑在一根绳上，誓要为国家荣誉而战。

从影片反射的事实证明，良好的家教才是最好的教育。吉塔摒弃了教练教她的一系列动作，全心全意听从父亲的教导。马哈维亚在视频里一次次分析对手的敌情，教吉塔是进攻还是退守。

她在一次次的残酷争霸下，在一次次拼命发狠的练习下，终于夺得了世界冠军。所有灯光为她而闪，掌声为她而响。

所有人为她喝彩，世界为她喝彩，国家为她喝彩，家人为她喝彩，曾经冷嘲热讽的村民为她喝彩。

她的父亲说她是他的骄傲。

在她今日未夺得金牌前，他的父亲曾告诉她：你只有夺得了那枚金牌，才是世界的榜样，才是别人的榜样，未成功前，你的付出在他人眼里一文不值。

在梦没有到达彼岸时，你能承受多大的质疑与嘲讽，就能享有多大的鲜花与荣耀。

面对无数的掌声，鲜花和荣誉。吉塔在记者面前说："是我的父亲一直坚信我，他告诉我，我一定可以，是他成就了我，这一切都是父亲的功劳。"

是父亲的功劳吗？当然是。但也更是她自己的功劳，是她不停歇的脚步成就了光芒万丈的她。她付出多大努力，就得到了多大收获。

其实在现实中，我们也总喜欢给自己喘气的机会，给自己找各种借口，好让自己去歇息，但须知别人在你休息的时候，已经拼尽了全力向前，你落后的脚步，就不只一星半点，若想超越，若想取得好的成绩，便一步也不能停歇。因为生活本来就是残忍的，它只对努力的人温柔。

起点虽不同，但你别无选择

曾经在某帖看到这样一个问题：30 岁，为何别人事业有成，自己还在一无所有的起点上。

显然，提问者茫然又疑惑，今天我们来谈论一下这个话题。

为何别人事业有成，而自己还在一无所有的阶段？

别人年纪轻轻，就已经事业有成。

原因无非三种。

一是别人本来就含着金钥匙出生，金光闪闪来到人世。从生下来那一刻开始，就注定不用为以后忧愁，父母已经为他们的一辈子提前铺好了路。学校、工作、人脉，财富皆可取之不尽，人生一路通畅。别人努力一辈子，也超越不了他们。不用奋斗，就已功成名就。

二是别人天赋所在，不用付出太多努力，在某一领域便得心应手，平步青云。比如你在大学时期才开始接触写代码，还在慢慢看排序，人家初中就已经开始编程，自制操作系统写游戏了。

三是家境平平，天资平平，但是足够努力，足够勤奋，凭借双手拨开厚重的云雾，见得光明。

我们多数人都处在第三种，没有显赫的背景，没有优秀的学历，凭着自己的信念，过五关斩六将，一切皆靠自己，付出十分，收获两分。

如果年过 30，工作了好几年，还是看不到任何前景。没有一份像样的事业，没有房、车，没有存款。那么就只有一个答案：不够努力，抱怨心太重，又不付诸于实际。

你既不属于第三种，更不属于前两种，你属于"懒种"。

你不够勤奋，更不会培养自己赚钱的能力，没有野心，安于现状。你只会发出一种别人都厌恶的声音：谁谁谁领着多高的薪水，谁谁谁又买了一套房，谁谁谁又出国深造了……

有人还未毕业，但早已规划好自己的未来并付诸行动，面对石沉大海的简历既不放弃也不抱怨，拼尽全力。

有人被生活折磨得体无完肤，但依然负重前行。不断吸收新的知识，来补充自己的能量。

反观你自己，除了"能说会道"，还有做其他任何能助你一臂之力的事情吗？

自然，努力程度不同，结果也不会相同。

有人起点虽高，但从来没有停止过努力，这大概就是平庸和优秀最大的差别。

例如第五季《最强大脑》冠军何猷君，在节目里，他以超强的实力秒杀众人，红极一时。除了家庭实力，出生自带的光环外，他更是一个非常努力的人，数学竞赛多次获奖，在麻省理工学院，三年内修完了四年的功课。制作 paper 可以到深夜，在学习上力争第一，十足的学霸级人物。

问及他做拼命三郎的缘由，他给出相当硬气的回答："因为我想让世界知道，我可以用我的双手，达到一个正常麻省理工高材生也很难达到的目标，因为我就是我。"

他努力摆脱别人对"富二代"的死板印象，告诉所有人，他仅仅只是他自己，不用依附任何人的自己。

这样的人，凭借他凡事都要争第一的勇气，无论把他放置在哪里，他都会发光发热的。

而有的人起点虽相同，但终点却完全不同。

例如潘石屹与李勇。

他们同在一片工地奋斗，领着相同的薪水，同样被厚重的砖头磨出血泡。但不同的是，潘石屹会用预支的薪水，去买关于经济体系的书籍。而李勇却把钱花在了娱乐上，买了一本《白发魔女传》。同样是书，但目的完全不同。一个为了学习，一个只是为了消磨时光。

如今潘石屹成了亿万富豪，享誉世界。李勇却还在为一日三餐发愁，默默无闻。

面对采访，李勇感慨万千："以前，我以为潘石屹的成功很偶然，可现在不这样认为了。因为每当在生活的岔道口，我只图安稳，满足于现状，害怕失去现有的一切。当初，我还觉得潘石屹每次都是瞎折腾，其实他每次再折腾时，都有了更高的起点，最终折腾成了拥有几百亿的富翁，这就是我跟他的差别。"

距离一定不是在一朝一夕里拉开的，他们之间的差距，是在无形中一点一滴拉开的。

有些时候，上天并不是没有给予你足够的机会，而是给了你与别人相同的机会，别人如获至宝，你却弃若敝屣。

起点高的人，如果终日颓废，也不见得会走得有多远。

起点低的人，通过努力，在精英界里也会有你的一席之地。

你不用整天躺在沙发上，悠悠地搜索别人的故事，看别人的奋斗史，企图在别人身上看到一丝希望，来拯救自己。故事再精彩，也是别人的。你要拿出你实际的行动，去奋斗，去努力，去持续努力。

我们身边从不缺乏起点高但同样努力的人，不是他们奋斗起来比你容易，而是他们更想通过自己的努力，去实现自己的价值。

那些已经成功的人，他们也丝毫不会浪费自己的时间，因为他们深知时间多宝贵。

中国首富王健林一天的时间有一半在路上，两个国家，三个城市。或许你随便几场泡沫剧，就轻轻松松把那些时间打发掉了。

科比说他见过洛杉矶凌晨 4 点钟的样子，或许那时你正与周公在甜美的约会。

联想创始人柳传志每天 5 点起床，风雨不变。5 点，或许你依旧沉浸在睡梦中享受梦乡。

星巴克创始人霍华德每天 4 点半起床，边吃早餐边阅读，6 点前一定会赶去办公室。或许你的 6 点，还在纠结要不要把已经响铃的闹钟按掉，再睡上三个回合。

小米董事长雷军一顿午饭时间不会超过三分钟，恐怕你一顿午餐恨不得拉长到 3 个小时。

这就是努力与否的差距，无关起点。

多少人起点够好，但依旧努力，通常是那些起点不好的人，更能自怨自艾。既然起点不够好，就更该用后天来努力。你也不用纠结你的 30 岁，一事无成。毕竟你的时限不会终止在 30 岁，你还会有 35 岁，40 岁，45 岁。

别人在跑的时候，你才学会走路。别人悠闲地喝着下午茶，你还在为下一顿生计奔波。别人在伦敦度假，你在图书馆埋头看书。

没有人规定你一定要按照别人的模版去生活，但也希望你能刻制出一块属于自己的精致模版，来供他人欣赏。

起点比别人差，除了尽力你也别无选择。毕竟，如潘石屹对李勇所言那样：经历过，失败过，才能成功。

不羡慕别人的路

你眼里那些光鲜亮丽，只不过是别人在荆棘地里一遍又一遍滚出来的。那些身上参差不齐的伤痕，如果不是特意掀开给你看，你是无法看见的。

你看到的，永远只是别人愿意在你面前展示的。那些他们受过的伤，吞过的苦，别人不说，你是不会懂得的。每一个人光鲜亮丽的身后，都势必经受过千疮百孔的痛苦。

而你，不必去羡慕别人的路。只要你付出努力，每一条路，就都是正确的。

可人总是会对别人的成功充满羡慕之情，例如荧屏里那些光鲜亮丽的明星，羡慕他们唱一首歌，少则上十万，多则上百万。演一部电影，少则上百万，多则上千万。

但任何人的成功都绝非偶然，也不是全凭运气，你所羡慕别人的路，都是他们靠实力走出来的。

例如刘德华，30多年来他的名气只增不减，粉丝遍布各个年龄阶段。可他年少的经历却鲜有人知。

他不同于其他家庭优越的影星，他的出生没有任何光环，也并非天资聪颖，这就注定他要付出比常人更多的汗水。

他的奔波是从小时候开始的，小学时期的他，便忙着与厨房打交道。他每天4点开始起床，准备早饭，去上学。放学后的第一件事情，就是重新钻回厨房洗碗。

懂事的他比别的孩子成熟的更早，早早便学会了自立，为了帮家里减轻负担，他在中学期间会利用暑假去卖苦力，顶着烈日给工厂送皮手套。

想必，他的坚韧就是来自那个时候，或许，那也是老天赐予他最宝贵的经历，让他懂得吃苦耐劳那四个字的含义。

所以，他在后来的演戏生涯中，能咽得下别人咽不下的苦，他可以不厌其烦地跑龙套，一遍又一遍。利用一切机会去创造自己的价值，坚持不懈地奔跑，最终为自己跑出一片天来。

除了演戏，他还唱歌，都是用一样的"笨"功夫，死命坚持。那些歌就是在他一次次的执着下，成为一首首经典。

刘德华曾经说过："行内都知道，我从来没有说过自己是天才，只是我认为要做的事情，就死命地做。就算有人会觉得我唱的歌曲不合他们的口味，也要佩服我的坚持。"

毋庸置疑，他的成功，全是汗水与泪水铸就的。他用他那种"笨"功夫，坚持他内心的信念。

你可以羡慕他的现在，但你却未必吃得了他当初吃的苦，走得了他当初走的路。

只知其荣，不知其苦，想必是粗浅的。不经过烈火的考验，怎么能练就真金呢？

烈火的考验，不光只是个别，更是包含世间所有人。

　　例如陈坤，他的电影火遍大江南北，他的音乐耳熟能详，在娱乐界享有独特的地位。但谁又知道他年少时的经历？

　　幼年的他，因为贫穷，一家 5 口挤在 13 平米的房子里。学生时期的他，因为单亲家庭的缘故，受到同学的非议。少年时的他，为了生计，在酒吧卖唱，因为唱得不好，忍受着别人对他的指指点点，换一家又一家场子。

　　他自卑，脆弱，因为家庭，不敢说太多的话。

　　他不甘平庸，不甘落后，跟王梅言老师练习发声，终于在一次次努力过后，考上了北京电影学院。

　　本来只读完职业高中的他，一下从地上飞越到了天上。但职高与北影的距离，不是他一下就跨越得过去的，多少坎，是他自己一步步走过来的。

　　那些交不起的学费，是他东奔西走借的。8 块钱一碗的牛肉拌饭，也是经常在同学那里"蹭"来的，多少委屈，是背着人咽下去的。

　　白天上课，夜晚唱歌……

　　贫瘠与梦想并不冲突，经过时间与困苦的打磨，他像一块璞玉一样，被雕刻得熠熠生辉，那些电影里映射出来的光芒，想藏都藏不住。

　　但别人的光芒，终究是属于别人的，是羡慕不来的。

　　一个人在自己的领域里，专心两年，他会小有成就。努力五年，他会成为大牛级别的人物。努力十年，会成为某个领域里的专家。

　　重点是要看自己付出的努力与时间。

　　其实我们都清楚，路并不是羡慕来的，而是自己走出来的。

　　集搞笑与"硬功夫"于一身的王宝强，家喻户晓。他的张扬，他的喜悦，他的中国功夫，深入人心。但他的成就，也不是一蹴而就的。

他出身贫寒，童年经常穿戴别人弃旧的衣物。饭不饱，身不暖。但那样的成长环境并没有阻挡他想要成才的决心。

他 8 岁进入少林寺习武，那个别的孩子还在家人怀里撒娇的年纪。凌晨 4 点，别人蒙头大睡，他已经开始起床跑步，强身健体，练习基本功。

机会永远垂怜有准备的人身上，哪怕是一次渺小的机会，他也决不会放弃。他在各个剧组当武行做群演，尽心尽力，哪怕摔得浑身淤青，也笑着继续。

2018 年大年初一至今，他主演的《唐人街探案 2》累计票房突破 23 亿，创造了华语 2D 电影票房新纪录，也冲至了华语电影票房排行榜的第 5 位。

从默默无闻到光彩耀目，那些超于常人的毅力与付出，是功不可没的。

他们可以在他熟悉的领域，努力拼搏，发光发热。你也可以在你的领域里，努力钻研，奋发向上。

你羡慕他们在荧屏上，挥刀舞剑，但不会知道他们经常遍体鳞伤；你羡慕他们舌灿莲花，却不知道他们在深夜，不厌其烦一遍遍对剧本台词；你羡慕他们洒脱自如，却不知道他们经常在水里一泡就是几个小时。

每个人的苦，只得自己深知。

俗话说，三百六十行，行行出状元，他们是演艺界的状元，你也可以当自己行业里的状元。如果吃不得苦，耐不得力，你就连羡慕的资格都没有。

很多时候，我们都在盲目地羡慕别人的生活，但我们都只看到自己期望看到的那一面。你看到别人豪掷千金，花钱如流水，却看不见别人向他催债的可怜模样。你看到卖早餐的大妈都能月入三万，却不知他们起早贪黑，只能睡上三个小时。

你看见别人上名牌大学，风风光光，却不知道他们牺牲了多少个日夜，伏案做题。

所以，你实在不必去羡慕别人的路。如果你是一个学生，就埋头奋进，考取自己理想的学府；如果你是一个创业者，你就在商业圈立一个榜样，早日取得成就；如果你是一个写作者，那就日夜阅读习作；如果你是一个打工者，那就兢兢业业，不要偷懒……

总之，你总要付出些行动，才能让你心里埋藏已久的梦想实现。别人的路，不用太关心。你要在乎的，是你走的路，别人，终究成全不了你。

做自己的决策者

　　人一生会面临很多分叉路口，这就不免会有很多声音出现，教你如何去决策。你要在千万种声音里去辨别真假，但那些真真假假，都不重要，都只是别人的意见，真正的决策权还是在自己手上，你要做自己的决策者。

　　就像当初朱元璋打江山一样，是先攻陈友谅还是先攻击张士诚，从南进攻，还是向北进攻。很多人会在他面前献策，提出他们的意见，他们把手中的钥匙都一一交给朱元璋，让他去选择。游戏的残酷之处在于，他只有一次尝试的机会，错过了，也就意味着他永无回头之路。

　　朱元璋在那纷繁复杂的环境中，在无数言之不尽的建议中，始终坚持着自己的决策，最后成功开启了胜利之门，创造出一代王朝。

　　如若不是他在那些众说纷纭的答案里，始终坚持自己的看法，他也不会在皇帝的位置上坐稳。只要走错一步，后果都会不堪设想。

　　所以无论别人说什么，终究只是别人的建议，最后还是由你自己做决定，你不用太在乎别人的看法，跟着自己的心走就好。

现实生活中，我们有很多事情需要自己去做决策，生活、事业、爱情，无不需要自己的决定去开启属于自己的道路。

而我们的决策或许也跟朱元璋一样，只有一次尝试的机会。因为很多时候生活是残忍的，不会给你太多机会去抉择，也不会像电视剧那样，可以倒退和重来。

在现实中，我们要果断一点，要凌厉一点，才不会拖泥带水地浪费时间。

我大学的一位室友，她是那种一路走来，都没做过任何决策的人。因为一路走来，从儿时到高考填报志愿都是父母一手决策的，她应该怎样去做，如何去做，选哪所学校，哪个专业会更利于她……

小学到大学期间，她都听由父母的安排。听父母的话说得好听一点就是她省心了，什么也不用操心，按着父母给的那块模版去做就好了，但不好的一点就是，她选择了父母安排的，却未必是她自己喜欢的，是自己擅长的。

所以面临工作的时候，她就陷入了烦恼，不知道该如何抉择。她父母就像天下所有父母疼爱孩子那般，让她毕业回老家，老老实实接受家人安排好的工作。潜台词也就是，那么多年你都听了我们的，这关键的时候，没有理由不听。

但这一次，她确实为难了，因为她很喜欢大学所在的城市，她想留下，想留下来奋斗一次。但是父母之意，她从来没有违背过。

她跟我谈心，说她自己的苦恼。我竭力去安慰她，把现状逐条为她分析了一下，最主要是看她自己最终想留在哪里。最后我跟她说，人迟早要落叶归根，为什么不在年轻的时候多体会下世界，老家是迟早要回去的，但也绝不急于现在。

第二天她就给父母去了电话，语气坚决，她说我想留下，就让我自己做一次决定吧，好坏我都自己来承受。父母点头默认。

人贵在有足够的底气，如果有足够的底气，她就会在选择时拿出果断的勇气。就像室友一样，虽然她以前从来没有对自己的事情进行过抉择。但这次她似乎对她的未来有了底气，所以她没有太多的后顾之忧去干扰她的抉择。

其实无论在择业还是工作中，都是一样的，生活中需要自己抉择，职场中更需要自己拿捏主意去抉择。

但太多的人总是活在别人的建议中，完全没有自主的决策权。大多时候，很多人都享受那种被决策的过程，因为决策人不是自己，即便错了，也不用背负太大的责任，可以很自若地对别人说：看吧，反正都是听了你的意见，对错与我无关。

所以他们也不去想决策，图个轻松。但生活是自己的，总有一天需要自己独当一面。不愿意担当自己的那份责任，自然就收获不了自己想要的东西。

如果不在小事中培养自己独立的能力，任何事都想依赖别人，听取别人的意见，尤其在职场上，是很容易吃亏的。

职场上会有很多小细节需要和同事一起进行讨论与决策，例如与客户价格的谈判，领导工作建议沟通等。每一个细枝末节都需要有你自己的意见，在关键的时刻做出一些决策，不能每次都只是眼巴巴地望着别人，看别人出谋划策。

一两次可能没有太大关系，但那些大大小小的决策累积在一起，就会关乎自己的未来，会对职业生涯产生一定的影响。

我的同事曾跟我在一个部门任职，他是那种跟风型的，开会的时候，经理都会让大家表述自己的观点，然后由各组负责的组长拿主意，每次一到这个时刻，他就会扭捏，说自己拿不准主意。

经理自然不耐烦，冷若冰霜，说他干得了就干，干不了就滚。

每次看到他那副惨状，都忍不住想去告诉他，其实他之所以做不了决策，是因为他的信息太少，不敢贸然决策，更加没有形成决策的习惯。

如果每次在决定一件事情之前，去调研市场，去了解客户人群，想必他都能快速做出抉择，不会扭扭捏捏。

回到开端，朱元璋之所以每一次都相信自己的决策，是因为他有那份自信，他对敌情有很深的了解，每次征战前，他都会做十足的准备，把对手的底细打听得一清二楚。

所以别人的意见自然还是别人的意见，只有他的想法才是指南针上的针，指哪打哪。

生活中，无论需要我们去决策什么，最好的方法就是先去了解信息，再确定自己的目标，深度剖析之后，把利弊罗列出来，进行抉择，再去执行。

不要害怕去抉择，从小问题到大问题，尝试去抉择，次数多了之后，经验就会是你最好的老师。

前一刻暖日，下一刻风雨

　　那些我们口中经常说的"现世安稳，岁月静好"，其实也只不过是我们内心对未来的美好向往罢了。真正的岁月静好，也许只是在童话中偶尔出现。因为谁也无法预料到一生，是否永远如一条笔直的平行线一样那么顺畅。就好比宁静的湖水，你永远都不会知道，惊涛骇浪什么时候来临。

　　就例如他——我的高中同学，小涛。

　　他是别人口中的乖孩子，成绩永远保持在年级前三名，从来不会翘课，也不会给头发染上花花绿绿的颜色，更不会在人后偷偷吸烟。

　　他阳光，活泼。深得所有人的喜爱，如一首好诗，人人都要朗诵一下，人人都要赞美一下。他活在明朗的阳光下，活在父母老师的庇佑里，只等那些光明的未来，如期而至。

　　但总有不期而至的意外，切断那些连接美好的绳索。

　　高三下半年，从来不缺课的他，连续三天没有来学校报道，课上课下同学们的闲言碎语纷纷流窜，都在猜测他为何无故缺席。

后来大家总算知道了原因，他的妈妈在外出途中遭遇车祸，意外去世。

据说他当时就坐在事故车上，目睹了妈妈死亡全过程，他幸运，活了下来，只是额头上受了点轻伤。但是坐在副驾驶座位的他，永远都忘不了妈妈临终前那一眼，那一眼，好像一把刀，割他的心，剜他的肉，也磨他的心智。

那件事情对他的打击出乎意料得大，平常爱看书的他，经常目光呆滞，常常有一种灵魂不在身体的游离感。他的阳光，也蒙上了一层雾，灰蒙蒙的，你对他说话，他永远爱理不理。

我关注过他几次，他会在最喜欢的课上，打瞌睡，听音乐。无论班主任怎么开导，无论同学如何劝慰，也没有任何用处，他依旧沉浸在自己的世界里。

他在最关键的那一年，隔三岔五，毫无缘由地旷课，成绩一落千丈。

高考成绩出来时，毫无意外，他只考上一所当地的二本大学。原本是老师重点培养的对象，有希望考去北京重点大学的小涛，因为一次重大意外事故，人生轨迹也开始走向了另外一条道路，变成了另外一副模样。

他说，其实那些道理他都明白，但就是没有办法重振勇气，他的妈妈或许不希望他这样，但他自我调节能力太差。

前一秒，还是温暖的太阳，对你恩泽有加。下一秒，即变成了狂风暴雨，浇你一个措手不及。

不过幸运的是，小涛没有一直活在阴霾中，大学期间，他找到了属于自己的方向：心理学。

他自我调整，积极参加社团活动。大学的那片蓝天，把他从旧日的阴霾里拉了出来。大学期间，他几乎从未挂科，不迟到不早退。也能与同学嬉闹一片，重新收获了学业与友谊。

总是一脸阴云的他，经过时间与自我救赎，把路走得明媚了起来。

其实，无论我们跑得多快，终究跑不过那些从天而降的意外。唯一能与之抗衡的方法便是，一遍遍自我催眠：告诉自己，唯有坚强，唯有强大自己的内心，才能不被意外因素所击垮。

幸运的是，小涛终于明白，人不能永远活在过去，只有看向未来，才能让自己的心有向往和着落。

毕竟，幸与不幸的那些外界因素，我们无法控制，但我们可以调节自己的心情，能克制痛苦在脸上扭曲的神情。

除了小涛，其实，我的表姐也是那些在幸与不幸间徘徊的一个。

表姐是我们那里为数不多长得好看的人，她美丽且善良，这些都是众所周知的。小的时候，比她小几岁的人，都会嚷着长大要娶她。她懂事，粗活细活，会争帮父母的忙。

童年的时候，我们住的地方只隔了一个池塘，池塘中间有条小路，那是通往外界唯一的一条小路，每次都会看见她小心翼翼地背着弟弟，把他送到"安全地带"。

后来她结婚，嫁给邻村的一个比她大五岁的哥哥，婚礼举办得很热闹，很多人前去贺喜热闹。她的一切都按人生轨道顺利前行，虽不是大富大贵，但丈夫百般疼爱，婆家待她如亲生。

后来因为我工作在外地的缘故，跟表姐的联系并不是那么密切。每次看见她的动态都是在朋友圈，看她的状态，有自己的事业，觉得她应该过得很好。

上一次见到她，是前年。久别重逢，再相见，她与我印象中的表姐，截然不同了。她幼年背弟弟的那双腿，已经不能直立了，需要借助他人的辅力，才能前行几步。

我很惊讶，从来没有听说过关于她病情的任何状况，好好的一个人，突然"矮"了一截。

想询问，但欲言又止，怕我的好奇心会伤到她的自尊，怕再次把她未愈合的伤疤重新揭开一次。

她似乎看出了我的心思，主动告诉了我原因，她说生完孩子之后的两个月，腿就无力了，医生也没有检查出个所以然来。

她 29 岁，孩子才两岁。

对于正值妙龄的她来说，没有健全的双腿，相当于残废了整个半生。但我在她身上没有看到不好的一面，她没有展示出命运对她不公的惨淡模样，没有索取别人的同情。

她说不觉得自己比别人弱，也不觉得自己是"残缺"的，她做美食，借助互联网平台，一个月赚的钱不比北上广的白领们少。照顾生活和家庭，绰绰有余。外出，轮椅是腿，家里，丈夫是腿。

她说也痛心过一阵，在事发后的两个月，觉得人生无望，怕自己是个拖油瓶，是大家的负担。但她丈夫不离不弃，一直轻言细语鼓励她。

她也自我鼓舞，自我安慰，伴着温暖披荆斩棘，跳出束缚她的"紧箍咒"。也幸好她从小就有一手好厨艺，靠勤奋，自己研制出一些美食配方，顿顿试菜，在美食界打开了一方天地，买的人好评如潮。

命运从来不会辜负谁，也不会独宠谁。在遇到困难，没有人能救助我们的时候，我们需要自我救助。

表姐顽强的品质，支撑着她的现在与未来，我在她身上看到的，全是乐观的模样。

只要自己的信念不垮，人心就不会跨。人不会一帆风顺，但也不会一直倒霉，只要心存美好，就可以看到想要的未来。

其实无论是小涛还是表姐，是生活还是事业，都会遇见不一样的坎坷，所以我们要无时无刻有一种危机感，化力量为雨伞，为自己遮风挡雨，修成百毒不侵。

生活中有宁静的阳光，也有暴雨将至，惊涛骇浪也总会有息潮的那一天，做好自己，积蓄能量来面对所有的风风雨雨，才是最重要的。

你若不勇敢，没人替你坚强

　　生活里，我们总会遇见各样的事情，成长的挫折，感情的伤痛，生活的历练，未知的定数，以及未来的困惑，各种磨难。那些大大小小的事情，总会在无意间击垮我们的心志，割裂我们的胆魂，让我们无心可走，无路可寻。

　　而幸福，只属于勇敢的人，从不例外。

　　《神秘巨星》里的尹希娅，因为勇敢，所以明媚。面对陌生的一切，她敢于表达自己内心的想法。面对权威，敢于与恶势力父亲做抗争。面对大众，敢于揭掉自己的头纱，揭掉根深蒂固的传统。勇敢走向舞台，领取属于自己的荣耀，迎接自己的美好前程。

　　《天使艾米丽》中，艾米丽从小就缺少父母关爱，造就了她孤独自闭的性格，但这并没有阻止她想要靠近外界的决心。工作后的她，一遍又一遍地努力，迈出艰难的步伐，主动帮助需要帮助的人，用一颗温暖的心去温热他人，建立了良好的人际关系，收获了她意料之中的幸福。

　　《美丽心灵》里患有精神分裂症的数学家约翰，他无数次与被告知无法治愈的疾病做斗争，他痛苦，他挣扎，但他没有过一次放弃。最终凭借他的毅力与十多年的不懈努力，不仅痊愈还获得了诺贝尔奖项。

那些坚强的人，并不是本身有多坚强，而是他们会在受伤后，自我疗伤，自我愈合。懂得自我修复后，重新开辟一条新的道路。不会轻易把伤痕示于人前，向别人展示自己的短处，自己的可怜，无休止地寻求别人的安慰。

而面对挫折及一切无法预知的因素，唯坚强做利刃，一路披荆斩棘，收获你想要的一切。坚强，也是身上一件不可或缺的武器，只有利用好它，才会让本身懦弱的你，重新站起来，有勇气抵挡外界的一切强与硬。

要知道，无论你身处怎样的境地，深陷怎样的沼泽，都没有人真正懂得你的感受，哪怕是满脸含着泪水，挂着柔弱，你内心也要坚强地去面对，解开那些难以解开的难题。

因为这个世界不会一味地同情弱者，你迟早要跨出一片自己的天地，才能让你过得安然幸福。

说起坚强，我不得不再次提及我的朋友王菜园，那个重度烧伤依然坚强乐观的男孩。

2012 年，他被一场突如其来的大火，烧得身心俱残，脸以下的部位全部烧伤，右手更是不能动弹。

见到他的时候，他正一遍遍地做着康复训练，没有想象中的颓败。一如既往幽默，说玩笑话。

他以仿佛在叙说别人故事的口气，回顾他自己烧伤的过程，把烧伤的照片、身上的疤痕让别人看。

我找不到安慰他的话语，因为知道任何语言对于重大的打击来说，都是苍白的，我只有不动声色地陪着他。

倒是他主动开口，说一些他受伤时的痛苦与挣扎，不断暗示自己：我没事，我很好。我不知道他轻言一语的后面，究竟深藏着怎样的心情。是真脆弱，还是真坚强。

那一段时间，他的朋友们一直在他身边，安慰他，鼓励他。他的妈妈一步也不曾离开，开导他，照顾他。

他说除了要对大家的关心说一句感谢外，他最重要的那句感谢，还是想送给自己。若不是自己有足够强大的内心，或许走不出那一片阴霾地。

回顾这些，他只是说那是一段非常宝贵的经历，别人想买都买不到的经历。

看到他后来的种种，我才确定他是真的很坚强。他搞音乐，开餐馆，开文化公司，比别人更疯狂，比别人更卖力，他早已忘却身上的"残缺"，投入到了新的生活里边，风生水起。

前前后后二十多次大大小小的手术，他都以微笑来收场。

苦难面前，他人的安慰终究只是镇定剂，起不到"斩草除根"的效果，关键还是在于自己。你有多坚强，就有多强大。

如今，他早已脱胎换骨如新生。他不以自己的模样自卑，相反，他以自己的模样而自豪。

你不要幻想人生有什么一帆风顺，即便有，那也绝不会是属于年轻，什么都没经历过的你。

面对那些挫折，你要培养洞悉社会百态的能力。用知识的力量，武装自己。用万般能量，鼓励自己。用乐观的心态，说服自己。

无论是电影还是现实，我们都抵不过残酷的生活。

但你也不要因为一次失恋，就蠢到爬到 30 楼的楼顶。也不要因为工作里的委屈，萎靡不振，挫败自己的锐气。更不要因为生活暂时的艰难，就呼天抢地。不要因为一次小小的事故，就再也拿不出往前迈步的勇气。

你回头看，那些坚强的人，谁不是一边擦干泪水一边继续向前。

舞蹈演员邰丽华因为幼时的一场高烧，导致两岁便失去听力与声音，别人的声音进不来，她的声音传递不出去，但她没有放弃自己。她忍受着失声与无声的痛苦，奋发图强，考上了湖北美术学院，并走向舞蹈之路。在舞蹈的刻苦练习中，她优雅自信，练就一支支动人的舞蹈，成为中国残疾人艺术团里的台柱子。

既盲又哑还聋的"三不幸"美国作家海伦·凯勒，一边克服脾气暴躁一边咬牙学习，用触、嗅、味三觉来辨别周遭环境，最终成就了一部轰动全美的作品。

他们愿意坚强吗？不，不愿意。但他们又不得不去坚强，因为无路可退，无路可走。

而你，只有认清残酷的世界，只有变得更坚强，才能应付复杂的生活。坚强从来不是天生的，而是自己逼出来的，但愿必要的时候，你把自己逼入绝境，以坚强为刃，保护自己，解救自己。

毕竟，"要想征服自己，还是要先征服自己的悲哀"。你若不坚强，谁会替你去坚强？谁都不是你的救世主，除了你自己。

我们的人生本就是一场战役，不是与贫穷战斗，就是与孤独战斗，唯有自己是决定这场战役输赢的人，何去何从，任凭你的心声。

虽不知将来，也不畏惧

我们似乎都有一个特点，那就是对未来要发生的事情，感到害怕或彷徨。因为那个点，是我们无法预料到的，是未知的。但凡不在我们控制范围内的事情，我们会心生畏惧。

我们有太多忧愁的事情，面对未知的变数，会恐惧。我们恐惧并不是因为胆小，而是怕自己的能力不足以把控它，所以怕这个怕那个。会为生活里一些琐碎的事情感到发愁，也会感到前途而茫。

我们害怕自己想做的事情，没有完成。害怕自己没有变成预期中更好的自己。害怕在对的时间，没有遇见对的人……

面对未知，我们有太多"怎么办"，有太多疑惑。

毕业的时候，害怕自己找不到一份称心的工作，该怎么办；工作的时候，害怕自己的工资交完房租，还不起信用卡，该怎么办；抉择的时候，不知道走哪条路，走错了怎么办；害怕自己这么拼命，还是看不到一片光明的前途，口袋里依然那么穷，该怎么办；害怕遇见一个喜欢的人，但是他并不喜欢自己，又该怎么办……

这些"怎么办"疯狂充斥着自己的内心，让你被心魔腐蚀，压抑彷徨，难以喘息。

而之所以有那么多的"怎么办"，仅仅是因为对未知的恐惧吗？想必大多源于自己当下的无能。

因为自己不够强大，所以面对未来毫无底气，有"十万个怎么办""十万个为什么"。

可那些"为什么"就会给你答案吗？未必。其实，我想说，你什么都不用怕。你不用去害怕那些还未发生的事情，你现在要做的事情，就是谦卑和努力。

如果你害怕找不到一份如意的工作，那就好好着手为自己的工作做准备，利用别人出去旅行的时间，利用别人看电影的时间，利用别人喝咖啡的时间，利用别人聚会的时间，利用节假日的时间，利用挤公车的时间充实自己。

如果害怕交不起房租，还不起信用卡。那就在花钱的时候，节制一下，控制在自己的能力范围之内。不要只有 3000 元的工资，却为了短暂的舒适，去住 4000 元的房子。在你暂无能力的情况下，适当学会理财，不要透支去刷信用卡。

如果害怕自己努力，还是看不见未来，那大可不必庸人自扰，时间会给予你确切的答案，至于时间长短，自然由你的勤奋度决定。你过往的艰辛，一定会得到相对比例的报酬。你要相信，生活绝不会对一个深情的人薄情。

如果害怕喜欢的人不喜欢自己。那就先把自己变得独立，优秀。当足够优秀之后，属于你的精彩也会随之而来。

记得白岩松在演讲上说过一段很精彩的话："如果我们要为未来忧虑的话，你拥有一辈子的机会，难道你会为了你的未来，一辈子的忧虑吗？""爱你现在所在的时光。过去的已经过去了，较什么劲呢？未来的还没有来，你在焦虑什么？你知道什么叫真正的恐惧吗？真正的恐惧不是血肉横飞的画面，真正的恐惧是调动你的想象力，把你自己吓着了。"

你会一辈子忧虑吗？答案当然是不会。

你不会为了那些未知的忧虑，放弃当下，去自寻苦恼。一辈子太短，不足以你"全盘交出"。

记得那时的我，刚毕业，有太多的疑惑在脑海里盘旋，经常焦虑，经常失眠。焦虑找不到一份好工作，焦虑未来，因为普通大学、普通家庭、普通才能的这几个标签，醒目地贴在我身上。尤其是当别人说爸妈已经为他铺垫好前程之后，我更加压抑。

越想越纠结，纠结了好一阵，也没有一个明朗的结果。后来索性不想了，不想也就不焦虑了。因为发现除了浪费时间，纠结自己外，别无所获。

后来我找了一份薪水不高，但自己十分热爱的工作，即便苦，但也甜。因为我坚信可以看见一个自己想要的未来，哪怕付出的时间有点长，那也无所谓。因为，我正在路上行走着。

这样就比别人多了一分坚定，少了一分犹豫。

而那些对未知的恐惧里，也包含了一部分的攀比心在里面，害怕自己混得没有他人好，害怕他人的指点与嘲笑。

其实与别人对比这件事，本来就是错误的。人应该跟自己比，哪怕再怎么普通，只要每天进步一点点，都是对自己能力的一种肯定。每天一点的进步，积少成多，蓄积能量，当你有足够的自信，你就会变得不惧怕未来。

电影《一条狗的使命》中，有这么一段话："生活的意义，首先要开心，力所能及的事情，要竭尽全力去帮助别人，舔你爱的人，对过去的事不要一副苦瓜脸，对未来也不要愁眉苦脸，要活在当下。"

活好当下，才能活好未来。对待未来，你要拿出一副"不知者无畏"的态度。也就是说你应该利用那种"无畏"的精神，去面对它的不确定性。因为这是一个无法预测的时代，前一秒说好的事情，下一秒都有可能变卦，何况还是遥远的未来。

你要不负现在，才能不畏将来。不要把时间浪费在无谓的猜测和疑惑上，因为这个世界上，没有人能预知未来。

猜不透的东西，就不要去猜测，不要给自己增添烦恼。不要对现状有太多抱怨，自己觉得不满，就要去改变。因为你现在的状态，就是你未来的状态。

你受的苦，将会照亮你的路

年少时能吃的苦，就不要留到年老的时候再吃。

单位有一个编辑，叫凉茶，一个词可以形容她："平平"。什么都平平，相貌平平，资质平平，责任心平平，能力平平。对待自己的人生，同样也是"平平"。

她所负责的工作非常简单，工作内容就是每天不断的复制粘贴，连错别字都无需检查，形同一个廉价的机器。她的工作岗位，完全是一个可有可无的虚设，但因为会拍马屁，所以待的不疼不痒，领着与比她工作量多好几倍的人相同的薪水。

早晨踩点打卡，晚上准点溜人，比闹钟还准时。

分内的事情干不好，多余的事情就更不会去插手。有一次外地会议，领导交给她较轻松的任务: 管摄影的人要照片,简单修图,上传,排版。

结果她连电脑都没有带，嬉笑着问别人借电脑。别人问她为什么不带电脑，她眼睛一撇说她忘记了。请问她来干什么来了？大概是玩儿来了。把工作当成玩物，可有可无，完全没有把工作放在眼里。

每一次会议培训来得最晚的那个一定是她，不带笔也不带本，光带副耳朵来还不停开小差，什么都没有学进去。

一而再，再而三，次数多了，大家都很反感。

后来公司因为效益不好，大裁员，不出意料，她名列榜首，身边的同事几乎都相互眼神示意，在内心拍案叫绝。

而跟她同一岗位，但职业态度完全不相同的婷婷，不但没被辞退反而得以重用。

面对这些，她只是轻轻叹了一口气：水逆，轮到我倒霉了，没什么大不了的。

她对工作的态度，便是她对她人生的态度。这种工作态度，想必她走到哪里，都会遭人唾弃。

而她也从来没有反思过自己，更是在背后变本加厉，嫌弃工资低，咬牙切齿地说着老板的不是，说着同事的不是，仿佛任何人都欠她。

人不端正自己的思想，不反思自己的态度，最后都只会被生活千般刁难，万般愚弄。不会反思自己错误的人，不端正自己态度的人。无论走到哪个行业，迟早都会被人看穿，然后刷掉。

如果她肯多下一份功夫，多一分心思，首裁的人也不会是她。不过她也只是在那家公司混点死工资，除此之外，就是毫无底线地践踏自己的时间和青春。

要知道，这个世界，比你优秀，比你勤奋的人，不在少数。别人都在自己的平行线上，如履薄冰地行走着，是因为他们知道，生活不易。所以他们珍惜每一次哪怕很小的机会，对待事情不敢有任何差池。

"成年人的生活里没有容易二字。"其实真想对凉茶说，你不成全工作，工作也不会成全你。

只有拼搏到无能为力，你才能放过自己。

我有个同学，叫大鹏，学生时期比较要好，工作后便疏远了很多。因为他在南，我在北，不在一个城市生活，聊天就仅限于在比较浅显的文字上。

前不久他给我发了一条很长的讯息，说了一些他最近的状况。

其实我们平常很少聊天，出于忙碌，只有逢年过节才会相互送上短暂的祝福。

或许是因为他最近遭遇的一些事情，想找个人说一说，让他心里的各种情绪有个着落感，所以才不厌其烦地敲下那些文字。

大鹏在南方小城的一家国企建筑单位当会计，薪水在当地不算低，住单位房，还算比较稳固。

但他最近跟他父亲大吵了一架，吵架的原因是他想离职专心考注会，但遭到了他父亲的强烈反对。他爸爸指责他不懂事，指责他一意孤行，愤怒挂满了整张脸。因为他一旦离开这个岗位，他父亲觉得他找不到更好的工作单位，所以死活不肯同意。

他说那一阵，很煎熬，身心俱疲，工作累，父母也不谅解他，他都快抑郁成疾了。

几乎每晚深夜才睡，同事开玩笑说他疲惫得看上去老了好几岁。

他左右为难，考，必须全力，工作会分散掉他很多精力。不考，自己的退路就不会那么长，选择也不会那么多。

身边想考证书的同事，早已辞职，一门心思在考证书上。

他不得不考虑那个两全其美的方法，边工作边学习。想必他爸爸是肯定不会拒绝的，只要不放弃目前的工作，他怎么折腾都无所谓。

那时的他，几乎没有休息的时间。除了工作就是学习，26 岁的年纪，没有时间恋爱，没有时间交朋友，更是把他喜爱的篮球运动，从一周两次，缩减到了一月一次。

工作压力大，学习压力大，双重压力，都压在了他的头上，导致头发一把把地掉。他说，或许那样，才能不让父亲担心。担心他的前途，担心他自己把握不好度。

好在这一切的付出，没有白费。他挥洒的汗水，犹如肥料，都灌溉在土地上，结出了美丽的花朵。他花了三年时间，在边工作边学习的情况下，考到了注会。

他的文字里不断出现了煎熬两个字，可见他当时面临的难过，他用了一句话结束了他的话语：好在终于过去了，有些事情，也就是咬一咬牙的勇气。

他说现在感谢当初那么拼命的自己，有时候坚持，真需要一种勇气。

是啊，终于过去了，无论好坏也都会过去的。他受的那些苦，肩上的负担，都变成了老天赠送的礼物，照亮了他的光明之路。

那些埋头奋进的人，必定都会取得好结果，因为老天不会辜负对生活如此用力的人。人生的苦与甜是紧紧相融在一起的，就像那句老话说的，人生像茶，只会苦一阵子，但不会苦一辈子。苦过之后，即是甜蜜。

有些路，你要走。有些苦，你必须受。你要把自己当成一个大的容器，可以容纳七十八种苦口药剂。当有一天，你到达梦的彼岸，你回过头看，你经历过的一切苦难，都在悬崖上为你化成了一座座牢固的桥，供你轻松走过。

有好风景，或可停留

人生就是一场长长的旅行，旅行中会遇见不同的人，不同的事，然后交织在一起，变成一道亮丽的风景。

那些走过的路，见过的人，车窗里倒退的风景，终究会在心里变成了永恒。

可我们常常习惯于无止尽的赶路，为了赶路而赶路，来去匆匆，导致错过身边很多美景。

殊不知，那些被忽略掉的风景，往往也会给生命增加一丝淡淡的色彩。

好友燕子说，每次她无论是出差还是旅行，不是闭目养神，就是低头玩手机，从来不会过多留意窗外的风景，到了目的地，她就匆忙赶路，奔赴下一站。

从 A 城到 B 城，她一路匆忙，手机也跟着匆忙，匆忙得容不下一张多余的照片，眼里装不下任何的风景，耳朵也容不进任何多余的话语。

在旅途中，又何尝不是见不同的人，听不同的故事，看不同的景色呢？多收获一分不同的景色，不一样的旅途，又有何不可呢？

不如试着把心思放空，多接纳一下生命额外赐予的礼物吧。

有时候，我们无法猜测会迎来什么样的风景，没有目的地，双脚不断前行，我们只有在前进中不断学会体会，学会欣赏，学会成长。

记得一件印象很深刻的事情，关于旅行，关于赶路。

去年八月，我们公司组织了一场沙漠挑战赛，公司内部有 15 人参与，加上外部其他报名的人员，一共 300 余人。

全程 88 公里，三天两夜，比赛制。为了能拿到好的名次，给团队争光，我不顾一切往前走，背着包，低着头，用登山棍开路，赶超一拨又一拨的人。为了赶路，为了抵达终点，我没舍得多做一下停留，没舍得多感受一下广袤的天地。

路上不与任何人结伴，没有给陌生人任何一丝笑脸，自顾自往前走，孤独前行。途中遇见很多拿手机拍照的人，他们时而自拍，时而拍风景。面对这些，我只是淡然，继续前行。但刚走出两步，他们其中一个跟我年纪相仿的女生，便叫住了我，问我能不能为她们拍一张合照，一脸笑意。

我内心纠结了几分，怕一旦停留，就会被其他人超过，我争分夺秒的时间就会变得没有意义。他们似乎看出了我的无奈，其中一个稍微有点胖的男生，扯着嗓子对我喊，声音尤其大，生怕他的声音会被这块大地吞掉："别只顾着赶路，也看看风景啊，不然这次比赛有什么意义呢？"

我只是敷衍地笑了一笑。

最终还是停下脚步，给他们拍了照，耽误的那几分钟，我一路小跑，重新赶超上了。路上我没有舍得在补给站多做一丝停留，途中有很多人背靠背吃西瓜小憩，我只是咽了几口水，就再次出发了。

第三天结束，宣布名次，我总排名第 50 名，团队第一名。

有很多人是没有获得名次的，但那些没有获得名次的人，他们的兴奋度丝毫不弱于第一名。我们拿着奖牌"炫耀"，他们拿出照片"炫耀"。

那些照片，确实值得拿出来"炫耀"一番，每一张照片中的人或物，时而静止，时而跳跃，时而奔跑。那些照片里，不仅留下了青春，也留下了美好。有手拉手的情谊，有洒脱自如的背影，有血红的日落，有夜晚寂静的星星，也有沉默的壁虎，更有流逝的时光与定格的青春。

庆功宴的时候，主办方说，其实这次比赛的意义，只不过是为了让大家多感受一下生命的宽度与温度。至于比赛与否，都在其次。

那时我才恍然大悟，我意识到自己错过了很多壮观的风景，也没有看到壁虎的爬行，更没有在途中结交到旅伴。虽然赢得了比赛，但我错过的，是旅途的意义，是沙漠的风景，那些风景，不是我想看就能随时看到的。

想必，享受每一种感觉，感受每一处风景，即是人生。而我们最容易忽视这种简单的小幸福，须不知人生就是多少个细小的幸福，拼凑在一起，连接成一个完整的生命体的。

自那次后，我便留意每一处细小的风景，让它变成生命里的另一种意义。

无论是工作，出差，还是旅行，都是如此。

例如从家里到工作的地方，照正常速度，步行只需要 20 十分钟，但我每天都会早起 10 分钟，把路程拉长到半个小时。途中会经过一个公交站，会看见公交站边上，有一棵随四季变化的大树。大树紧挨着一所小学，每天早晨会看见对门卫敬少先队礼的小学生。会途经一家面条店，听到那一对恩爱的老夫妻忙碌的声音。会途经一家包子店，见到那个有点跛脚的小哥，为客人忙碌的模样。会看到怕打卡晚点，匆忙的上班族群，会见到路边建筑物的雄伟……

这些，都是我以前不曾留意的，我从来不会特意去关注某一个点，更不用说那些无关紧要的东西。

有时稍作停留，只是给自己多一份思考或放松的机会，多给自己一份贴近生活的感动，对万物培养一份宽容之心。

于是，看到了生活本来的模样，便对生活少了一份浮光掠影的敷衍，多了几分细致。

其实，对每一个路人来说，欣赏只不过是一个过程。

带着什么样的心情，自然会收获什么样的风景。就例如钱钟书先生所言："洗一个澡，看一朵花，吃一顿饭，假使你觉得快活，并非全因为澡洗得干净，花开得好，或者菜合口味，主要因为你心上没有挂碍。"

欣赏的过程，便如同一个人的一生。经历、也不过是一种过程。无论遇见的风景，是明媚秀丽的，还是疮痍满目，你都得一路走过。

但抱着怎样的心态，去欣赏、体验、经历，看待世间一切，就在自己了。如若心上无挂碍，便处处皆是风景所在之地，你只需要慷慨一些时间，给岁月，给你自己，便一切安好有意义。

世界繁忙，但我们不要繁忙。为了赶路而赶路，你失去的，也不光只是风景本身，更是生命中那入木三分的几分真谛。

三　抵得住诱惑，守得住本心

　　埋没在红尘中的我们，哪怕此刻无法踏上征途，那么至少将我们的初心好好地珍藏在心中，不让它因岁月的冲刷而斑驳失色。静静地等到时机到来的那一刻，用一种温暖睿智的气质，对自己进行一种期望，抚慰自己如野狼一般，在外争抢饭碗，看似坚硬的心。

——凌茜

正道，正心，才有坦途

记得这样一个故事。

在久远的年代，有一位国王想找一位使者，出使他国。他命人在全国上下铺满告示，寻找人才。各路人闻讯后，纷纷涌进，经过层层筛选，最终两人被留下。

两人能力不差上下，国王一时间难以定夺。于是他找来一位方丈，让他帮忙出主意。

方丈沉思良久后，把两人带进了斋房。指着地上的不同形状的水桶对两人说："你们各自选一对水桶，去从山底挑一担水上山，谁先上来谁便赢。"

两人思量良久，走过去挑选水桶。

第一人精挑细选，挑了一对最小的桶。第二人，不加思索，选了一对尖顶的桶。

选好桶后，两人相继下山挑水去了。

方丈问国王，您觉得他俩谁会赢。国王答：自然是桶小者赢。方丈笑笑，我认为是桶尖者赢。

国王不信，于是两人一起守在山顶，等候答案。

一个时辰过后，有人抵达山顶。如方丈所言，胜者，正是挑尖顶桶者。

国王纳闷，问方丈答案。方丈叫过胜利者问："施主为何要挑那尖尖的桶？"

胜利者答："很简单，挑尖顶桶，我不能在途中着地，一旦着地，便半途而废，完成不了任务。所以，为了不让水洒掉，必须持之以恒走下去，直到完成任务。所以，我选了尖顶桶。"

国王听后，心中自然便有了出使人的答案。

约半个时辰左右，桶小者也登上了山顶。当他看见胜者不是他后，面露羞愧之色。

他对方丈说，没想到自己会输，原以为自己挑的小桶，会省力，走得快。可以在路上歇歇停停，不必走得太急……

自然，这次的成果非桶尖者莫属，当他决定挑尖桶的那一刻，便意味着他赢了。很明显，成长的路上，只有负重前行，才能收获意外的惊喜。

《箭士柳白猿》里有一句经典的台词："满世界的人都在投机取巧，比武是不多的没法取巧的事儿。"

这句话用来形容那位"小桶者"，或许最合适不过。那些自以为聪明的人，往往都是要付出沉重代价的，他们以为自己可以赢，实则不然，只是自己欺骗自己而已。

相同的话语，在这里拿来隐喻生活里的那些事儿，也不为过。现实里，不仅比武没法取巧，挑桶无法投机取巧。生活，工作，都没法投机取巧。

可生活中，那样的人还是不在少数。有些人的梦想总是比天高，比海阔，心浮得远远，但脚卧得低低，无法脚踏实地往前奔跑。起用歪心思，去获取报酬，获取自己想要的一切。

他们不屑于眼前的小事，却不知大事都是无数个小事，累加在一起的。那些取得成就的人，在他们眼里，也是一群庸碌之辈。他们眼高手低，做什么什么不成，更不堪的是，他们对任何事都感到不屑。

如果一个人能看清自己的能力，知道通过自己的努力，能达到哪一种高度，也算是一件幸事。也不至于像《寻情记》里的某期节目，某位男士一样，因为年少时的心比天高，能力的欠缺，执刀抢劫，用人命换金钱。而导致自己被终生监禁，不得与家人团聚。只能在镜头前，留下一行行悔恨的泪水，以告世人。

他是个急促的人，急促的想得到一切，忘记世界没有任何捷径之路可行。当然，他的做法是极端的。极端的做法，自然只能换来极端的结局。

世界上有投机取巧的事吗？当然没有。有也走得不长远，没有坚实的地基，就无法建起牢实的房子。因为取巧都是暂时的，要想获得永远的成功，长久的利益，还是只能脚踏实地地往前走。

蔡崇达在《皮囊》里说："能真实抵达这个世界的，能确切地抵达梦想的，不是不顾一切投入想象的热潮，而是务实、谦卑的，甚至是你自己都看不起的可怜的隐忍。最离奇的理想所需要的建筑材料，就是一个庸常而枯燥的努力。"

要想在成长路上走得有意义，做自己想做的事，成为自己想成为的人，那就必须踏踏实实，让自己的脚深固在泥土地里，哪怕是缓慢前行，哪怕是用最笨的方法，都无所畏惧。

在《大秦帝国》里，选取储君一个重要的原则就是：刚毅木讷，可成大器。当然，这四个字，也是孔子颂人的四种品质。

这句话的潜台词也是，往往看上去木讷的人，实则能成大器，因为木讷前面的两个词，是关键所在，刚毅意味着有足够的毅力，有足够的决心，去完成一件事情。木讷的人，笨的人，起码，他懂真诚，懂执着。

用木讷愚笨的方法，去取得成功，战略家曾国藩就是典型的一个。

他恐怕是最会下笨功夫的一个，他年少读书，走科举之路，靠的就是肯下笨功夫。

他天资不聪颖，是最普通不过的人。他的记忆力不比别人，别人看上三五遍的书就能记住，别人轻轻松松能背过的内容，他要记上十遍。

可他偏偏要一条道走到黑，这段不背完，永远不会开始下一段，这本书看不完，就绝不看另一本。

正因为凭着那股子笨劲儿，凭着死磕到底的精神，才打下了扎实的基础。如若他投机取巧，耍小聪明，遇见困难就躲避，想必也不会成全他日后的功绩。

这个世界上，没有什么特殊的方法，也没有什么速成的效果，唯有勤勤恳恳扎扎实实，才能到达梦想的彼岸。

生活中，那些想走捷径取得成功的人，往往都付出了不小的代价。例如我的前同事，她就是一个喜欢"速战速决"的人，任何挑战她耐心的事情，对她来说都是不靠谱的。

她喜欢养花，看着那些不同种类的花草，就心生欢喜，说要开一个花店，养花卖花。她报了一个课程，但一接触到那些关于花的繁锁知识，面对众多不同花的种类的修剪，摘叶，插杆，播种，她就厌烦了。还没有把知识学扎实，她就开溜了。一心想要琢磨出一个快速的养花"绝技"，一心想着"拔苗助长"来催熟她的花。

但哪里有捷径呢？不用心灌溉，又如何收获美妙的果实？

结果别人的花长的又好又茂密，她的花不是蔫了就是无法挽救了。面对蔫了的叶子，她也没有恢复的能力，只能眼睁睁地看着它彻底枯萎。

除花以外，她还喜欢学习英语。说要把以前荒废掉的知识，重新捡起来，等日后出国可以用到。

于是只要她一看到醒目的标题：英语7天速成班。她就一定会去打听，然后交一笔昂贵的学费，去上课学习。

但绝对不出5天，她就会原路返回。因为她觉得没有预料中的理想，没有达到让她7天就学好英语的效果。

然而下次，她还是会犯类似的毛病，别人的营销方案一出，她就头脑一热，跟着呼应。钱一交，听两节课，走人。

事后还不停抱怨那几家机构忽悠人，说下回绝对不犯同样的错误。前前后后加在一起，光学习英语，就损失了6万余元。

学习又如何有捷径？唯一的捷径，就是踏实学习。别人的标题，只是一种惯用的营销手法，吸引的就是那些一心想着"速成"的人前去的。自己不肯下功夫，扎实学好基本功，即便是神仙也不能助你一臂之力。

其实生活中不缺前同事那样的人，每个人都想获得一点成功，但又都不肯下一丁点的决心。

徐静蕾曾说过，做事主要是用老老实实的态度去做。

任何投机取巧的把戏，都上不得台面。要获得自己想要的，就必须踏踏实实地做好每一件事情。

明白你真正想要的

人最珍贵的或许不是选择什么，而是知道自己想要什么。确定目标，然后去为某件东西，或某件事物倾尽全力。

这世界上有两种人，一种是知道自己想要什么，每天都把日子过得很有意义的人。另一种是浑浑噩噩，懵懵懂懂，始终无法确定自己追求什么的人。

我发小是第一种人，他从小就能明确自己要的是什么。

例如小学的时候，他想要一双新球鞋，爸妈许诺他，如果考试进前五名，便奖励给他。

他刻苦努力，为了一双球鞋，舍弃自己平常看动画片的时间，去学习。期中考试过后，老师宣布成绩，他与另外一个同学并排第三名。拿到球鞋那一刻，他迫不及待地向我炫耀，从外来看，他或许是炫耀的一双鞋，但从内来看，他是向别人展示他的决心，他做事的果断与决心。

高中的时候，他为了考进自己心仪的大学，从高二开始，就与他喜爱的游戏断绝得一干二净，连经常锻炼的体育运动，也缩短在一月一次。不看电视，不参加聚会，不外出留宿。

自然，后来他顺利进入北方某重点大学。

大学期间，修了自己喜欢的专业，因为他要为毕业做准备，为想去的公司提前做准备。毕业之后，为了得到那家公司的 offer，可以两天不眠不休，持续奋斗，达到废寝忘食的程度。

简历发出，面试过后，国内三家顶级相同行业的公司，争相要他，他选择了其中一家。

因为过硬的专业技术，加上一颗奋斗不止的心，他在自己的领域里，风生水起。

发小无疑是幸运的，因为他一开始就知道自己想要什么，省去了迷茫恍惚的时间，把那些珍贵的时间，都付出在正确的事情上，为过程争分夺秒，为结果拼尽全力。

知道自己想要什么，然后去努力争取的人，是幸福的。当然，不知道自己想要什么的人，内心是痛苦的。

我的大学室友，周旋，便是第二种人。她是一个从小都不知道自己想要什么，摸不清方向的人。或许跟她优越的家庭环境有关，也或许跟她的性格有关。

她想要的东西，父母都会尽力去满足她，只要她开口，能满足的从不拒绝。长大后亦如是，别的同学要打寒假或暑假工，才能赚取的生活费，她用之不尽。

别人为找工作的事情忙前忙后，计划着事业生涯的每一步。她在游戏的世界里，颠倒时光，为打败"敌人"计划着她的每一步。

在她的身上，看不到太多年轻的活力，看不到一个年轻人本该有的样貌。她失去了目标感，奋斗感，所以她觉得，追求任何的东西都是无趣的，不如"开口"来得痛快。

想必，她正是因为缺少了自己的方向，所以才活出了"任人摆布"的模样。如果她能自己付出劳动，去争取自己想要的东西，或许她会是快乐的，因为那是自己付出得来的。轻易得到的东西，难免会不加以珍惜。自己创造出来的东西，是值得赞赏的，更是珍贵的。当然，这同样也是对自己能力的一种肯定。

后来她大学毕业，多数人都进入了自己想去的公司。只有她依旧在等着父母的安排，等着父母赐予一个光明的未来。

有时候她也会跟我说，看到我们忙忙碌碌，去努力争取自己喜欢的东西，去为自己的目标去奋斗的时候，她也会生出一种羡慕的心理，因为她自己从来没有努力过。

看她虽然衣食无忧，前程无忧，但一脸不快乐的样子，忍不住想安慰她一番。告诉她：其实你自己也很优秀，不用父母的"施舍"，靠自己的能力，就能满足自己想要的一切。那个时候，你会很有成就感。

其实她只需从一件很小的事情开始，就可以锻炼出她自己付出行动的决心。

例如，确定一个小目标：赚钱买自己想要的香水，买自己喜欢的衣服。再例如在规定的时间内，阅读完哪本书籍。去规划下自己的未来，确定自己擅长什么，扬长避短……

我跟她说要想知道人生的意义，要想知道自己的价值，还得要知道自己最想要什么，去争取，去努力，不能有任人"操控"的感觉。

如果甘心就这样下去，那就不要做任何改变。但若想试着扭转一下自己的人生，那就从现在开始改变。

后来她拒绝了她爸妈为她安排好的工作，自己投了几十份简历，选了一家她自己觉得不错的公司入职了。利用周末的空闲，恶补以前荒废掉的专业知识，连上下班的空余时间，也没放过。一改从前无所事事的态度。

她的表现，她的工作态度，公司上下有目共睹。一年的时间，她被提升为组长，管理全组 10 余人，同时也负责华北市场的所有项目。

其实不用她说，我也能感觉出她的喜悦。因为她找到了自己的方向感，知道走怎样的路，才会让自己的光芒不被掩盖。

好在她明确了自己的目标，懂得了如何去奋斗，一点点实现自己的价值。

一个知道自己想要什么的人，怎么会不快乐呢？因为她为自己设立了一个看得见的目标，她会去奔跑，不顾一切前行。

有时候我会想，如果自己从小就知道自己要什么的话，会少走很多弯路。但后来一想，从小就知道自己要什么的人，毕竟是少数。自己作为这大部分人群之一，只能走好每一步，在走好的那一步里确定，自己能做什么，想要什么。

毕竟所有事情，是先走出来步伐，看见希望，才能懂得自己要什么的。在找到自己的目标之前，务必走好当下的每一步。

要知道，一个知道自己真正想要什么的人，全世界都会为之让路。

我们有时候之所以迷茫，就是因为不知道自己想要什么，所以经常在十字路口徘徊无措，因此错过了很多宝贵的时间。

只想得到的人，寸步难行

我曾有个室友，叫小鱼，安徽人。她学习很用功，是班里尖子生，每天早晨我们还没起床，她就去教室开始了一天的早自习。晚上不论我们回去有多晚，都晚不过她，她总是最晚的那一个。

她漂亮，成绩好，应该是所有人喜欢的对象。但相反，我们宿舍的人，都不太喜欢她，用室友妮妮的话说，就是太自私。

怎么个自私法？

永远无条件地让别人帮忙：帮她带饭，帮她打扫卫生，帮她洗拖把，帮她去银行办理业务，帮她去地铁站接人……

而她呢？永远"坐享其成"。别人有求于她时，她总会找各种理由推辞拒绝，永远拿学习当借口，不是功课没完成，就是快要考试了。

久而久之，大家对她都"敬而远之"，即便周末也不愿意跟她一起玩耍，更没有多余的话对她说，平常她让大家帮的小忙，也没人再愿意帮她了。

面对大家的疏离，她似乎很不解。某天偷偷把我拉到一旁，小声发问：为何大家对她的态度这么冷漠，发生什么事了？

我出于好心，把那些大大小小的事情，一股脑地全告诉她了。但不是所有的善意，都能受到真诚的回报。小鱼就没有，她表示不能理解。

她不能理解的原因是，她忙，别人不忙，举手之劳的事，帮她一下是理所当然的。

"别人帮你就是理所当然，你帮别人不是忙就是忙，别人就不忙了？谁也不曾欠你啊"。

转身离开前，我给了她一个大白眼，留下哑口无言的她。

小鱼最大的错误就是不懂得：别人帮她是情分，而不是本分。

如果她拿真心去对待他人，想必，会留住大家的心。人心是最敏感的，哪怕别人只有一份微小的心意，都是能感受到的。

只会索取，不愿付出的人，怎么会留得住别人对她的欢喜？人都是相互的，只有相互关心，相互理解，才能维持更长久的友谊。

虽然那些都是芝麻粒的小事，但也足以看出一个人的品性，看出她的为人处事。为人太"小气"往往得不偿失。

但生活中有太多人，都容易忽略对方的感受，你可以说她们极其自私，也可以说她们"麻木不仁"。

好友叶子对我说过一个她的亲身经历，关于那些"真虚伪""假真诚"的事。

她说她拉黑了一个认识 20 多年的闺蜜。

因为她太无情。

无情到不会争着买一次单，无情到只会把她当做情绪的垃圾桶，无情到遇上事就会躲避……

所以叶子用一个小小的按键，就剔除了她们之间所有的感情。

　　如果不是做了太伤人的事情，想必谁也不会轻易做到绝交的地步。

　　她们之间的关系，就像水缸里的水与瓢。她的闺蜜是瓢，她是水。闺蜜一瓢瓢往外舀，叶子必竭了。

　　多年来，叶子充当的一直是付出方的角色，而她的闺蜜，则是接纳方。不管是一起出去吃饭，看电影，还是滑冰泡温泉各项娱乐活动，闺蜜买单的次数用手指是可以计算过来的。

　　叶子喜欢看书，家里有各类书籍，而她的闺蜜从来都只借不还，借的书都快赶上她书籍总量的一半了，更别说送上一本了。

　　闺蜜每一次找她，除了她无止境的"蹭"饭以外，便是抱怨，各种负能量，把她当成一个巨大的垃圾桶，吐槽倾诉，时间一长，叶子被她"倾诉"得像一个长满了污垢的发霉桶……

　　而叶子一旦遇见情况比较危急的事，她就消失得无影无踪。

　　例如有一次，叶子向她借一万块钱，因为钱都在股票里，一时半会拿不出来，找闺蜜救个急。但叶子发送的那条消息，像石沉了大海，没有半点音讯。

　　直到一个月后，她才问叶子出了什么事，她说那阵忙昏了头，现在才想起来。

　　不关心你的人，连借口都编得那么敷衍。

　　换言之，如果事情发生在自己身上，想必换谁都会寒心。花那么长的时间，去真心对待一个人，但收获的却是别人的无情。

　　人的感情都是相互的，你对我一点好，我还你一点情。时间长了，自然就会看出一个人的本质。只想得到，舍不得付出的人。结果自然是导致别人离得越来越远，交不到真心的朋友，因为自己无心。

　　长期下去，身边的人会一个个远离，当她们真正遇见困难的时候，也无人再愿意出手相助。

我身边其实也有一个类似叶子闺蜜的朋友，叫蒙蒙。

跟她吃 20 顿饭，我掏 19 顿的钱，她掏剩下的那一顿。每次去国外，我都会想着给她带礼物，会绞尽脑汁想她喜欢什么样的东西，然后精挑细选。但她从来不会想着给我带一星半点的东西，哪怕小到一瓶爽肤水，都没有。

她只要叫我，我随叫随到，无论是凌晨还是深夜。

我可以在半夜陪她去医院挂急诊，帮她缴费，跑前跑后。可以在周末的时候无论多忙，都会陪她去做某某事。会做好一顿饭，叫她来尝一口。

但她呢，除了只会张嘴"小小，你有时间吗，快过来一下……"，便什么都没有了。

印象里最深刻的一次，是去年端午节，因为假期短，没有回老家，留在北京过节。她爸妈在外地旅游，跟我一样也留守在北京。

我主动提出请她吃饭，一起过个热闹的端午节，抱团取暖。饭后，她拿出一个礼品袋，微笑着说送给我的礼物，祝我节日快乐。

我很开心，因为我在她心里总算也有点地位了。虽然温暖来得那么迟，但总归也算是来了。

但我到家，拆开礼物来看：是一份发了霉的粽子。

心瞬间凉到了嗓子眼，在她看来，我们之间的情谊，就是一份发霉的粽子。

自那以后，她的信息我一律不回应。电话不接，微信不回，敲门不开。

她发长长的短信，也只是质问我为何不理她。对于发霉的粽子，只字未提。

其实我最想听的是：对不起，下次不会了……

可怎么可能呢？让这样一个小气之人，说出那么宝贵的字，几乎是不可能的。

所以我只能对她说：对不起，我下次不会了。

不会去主动关心你，不会主动嘘寒问暖，看到可爱的东西，也不会想着再给你带了，好吃的也不会留给你吃了。

一块石头或许都可以捂热，何况是用来感知人世冷暖的人心。

希望蒙蒙日后懂得自我反省，懂得如何回馈别人。

生活里，无论是亲情友情亦或爱情，只一味索取的人，都不会走得太远，因为她们的胸怀已经限制了远行的步伐。

人是贪心的，但不能无尽的贪婪，尤其是别人的一颗真心。无论是小鱼还是叶子的闺蜜亦或是蒙蒙，她们都有一个通病，就是只会无止境的索取，不会付出。

若想别人对你好，那你也要真心去付出，不要把心藏一截，露一截，坦荡一些，都交出来，路自然会走得好看。

抛开贪欲，有得必有失

我印象中的小鹿，一直是一个非常专一的人，无论是工作生活亦或爱情，都是如此。

一份工作，她从不会自己主动说离职，除非外力因素。一份感情，如果对方不说分手，她绝对不会先开口说再见。

抛开工作不说，先谈谈她的感情。

小鹿与她的男友卢飞相恋 5 年，一直"你侬我侬"，相互尊重。她参加工作的第一年，就同他在一起了。5 年里，他们所生活过的地方，没有过一丝吵架的硝烟味。

小鹿美得清新，善良且又勤快，是卢飞喜欢的类型。而卢飞的踏实与上进也正是小鹿所为之欢喜的。

感情里，相互欢喜，即是一辈子。

5 年的时间，5 年的青春，足够为他俩的爱情，画上一个完整的句号。

卢飞的求婚既简单又刻骨，他单膝着地，举着戒指，说着全是柴米油盐，但又不失浪漫的话："今后我所有的工资，都交给你保管，我的买烟钱，你也可以看着心情给。"

那天晚上，从不饮酒的小鹿，与卢飞的觥筹交错间，所有温柔话语一倾而出，也包括一个陌生人的名字：胡天。

那个小鹿口中的胡天，也似乎带着酒醉之意，把卢飞熏醉了一番，他迷糊了。

于卢飞所忆，小鹿在他面前是一张单纯的白纸，没有任何过往，她所有的蓝图，都是卢飞一笔一画描起来的。

如今他口中的神秘人胡天又是谁？小鹿第二天酒醒后坦白，一脸抱歉又无奈的模样。

她说胡天是她大学四年的初恋，是她爱情最初的模样。

她所有见过的最初的美好，都是在胡天身上见到的，他为她穿白色的衬衫，带她去看最耀眼的日出，在千人篮球场做她喜欢的姿势，扣篮。在细雨中看周杰伦的演唱会，两人共喝一碗胡辣汤，在洱海边上共骑一辆脚踏车……

小鹿说完缓了口气，她让卢飞别生气，那只是过往，仅仅是段过往而已。

但这些话，小鹿从来没有对卢飞讲过，第一次讲，还是以这样的形式，难免让他觉得少了几分真心。

他断定，小鹿是没有忘记胡天的，真正忘记一个人，是可以拿在明面上，大大方方说的。不用藏在内心，一个人去咀嚼那些粗淡的细节。

当然，小鹿还是专一的，除了有一段可以理解的过去外，她一心一意对待卢飞大家是有目共睹的。

但卢飞不那么认为，他觉得既然两个人过日子，那就身心都得在一处，而不是把心扯回到久远的过去。

他们两个分开，是一个月之后的事情，小鹿没有过多的解释，卢飞也没有过多的追问。他离开，她没留。

因为一段不可复活过去，小鹿把自己五年的爱情葬送了，还连同她的时间、青春，以及浑身是火的心血。

她口中的胡天，其实早已为人夫，为人父，早就过上了大部分人该有的正常生活。而她，把柔情放在了过去，把理性放到了现在，难免，于卢飞而言，会有些许不平衡。

过去，现在，是要学会分开的。不是心里霸占着过去，身子霸占着现在，思想霸占着未来。总要舍其一，才能使一个人，一件事情，变得专注完整。

小鹿忘不掉过去，身心都要占得满满当当才好过。放不下过去，就注定接受不了现在，更没有宽敞的未来。

只有在内心留出一席之地，腾出一个空间，才能让未来完美。

后来小鹿问我，她是不是错了，其实她也不是有意想让卢飞离开，只是他走的时候，没有刻意去挽留。

我问了她一个问题，我说你还爱胡天吗?

她停顿了一下，说不爱了。她说她跟胡天的恋爱，跟谁也没有说过，那些当初知道的同学，也大多没了联系，所以几乎没人知道。以前一直掩藏在心里，以为胡天一直在内心占据着一些位置，但那天跟卢飞坦白后，感觉心也瞬间宽敞了，那些回忆也随着话语消逝了。

其实灵魂早已不爱，只是身心还贪婪的占据着。

我说那你去跟卢飞说句对不起吧，毕竟精神的坦白与道歉是需要亲自出席的。

告诉他，你是在乎他的。

卢飞自然原谅小鹿了，他只是一直在等那句话而已，她想过一辈子的人是他，是未来，不是过去。

现在的他们有了属于自己的房子，孩子，无比幸福，那些失去的，终究会有更好的来代替。

毕竟，有得，就有失，你不可能霸占着一切。世间那么大，人那么多，能给予你的，也是有限的。只有把心腾空一些，新鲜的血液才会再次涌进来。

当前路成为你的信仰

有人喜欢行走，除了行走有益于身心健康外，更是因为行走，会让我们原本浅易的思想，变得更加深刻，因为有足够多的时间去思考。也会让我们忘记所有悲欢，只专注于过程。因为专注，才会把原本枯燥的路，走得灵气芬芳。

它虽是一件看似平凡的事情，却因为我们坚定的脚步，让每一里路，都变得格外有意义。在行走的过程中，更是把前方的路，看成了自己高度的信仰，和一种不得不完成的使命。

爱上行走，是在七年前第一次参加陈坤组织的公益活动"行走的力量"后。那是我第一次远行，也是第一次参加户外活动。

还记得第一个晚上，就睡在羊卓雍湖的湖边，透过帐篷，看漫天繁星闪烁光芒，与星空近距离接触，那些星星，尽在眼前，伸手可触。视觉上的震撼，尤其难忘。

那夜的美可以平缓日后行走的疼痛，星星不断在脑海盘旋，每走一步星星就出现一颗，那些深深浅浅的脚步，给自己带去了漫天星空。

虽然是一段艰难的行走过程，但因为有收获，也变得格外安然。那是一种无法用言语叙述的美好，只有经历者才能懂得，途中的那些温暖的阳光、璀璨的星辰，相依相伴的人群，和难以逾越的沟壑。虽痛苦，但快乐。在行走的过程中，我能感受生命的美好，感受自然的阳光。

那次户外行走，我学会了审思、领悟、专注、感动，也学会了如何走一条完整的路，不慌忙，不退缩。那是我平常生活中，没有办法感受到的，正是因为行走，它赐予了我无限的生命力量。

你呢？有多久没有真正的自由"行走"了？还是从未行走过？

不管平常有多忙，你都应该空下心来，参与一次真正意义上的行走，去洗涤心灵，去丰富思想，去开阔眼界，去感受世界，去交流美好。

我有一位朋友，叫可可，尤其喜爱行走，是行走中的精灵，他每年都会在北京参加"善行者"，与众多行者挑战100公里路程，每一次都不亦乐乎。只要有他行走的地方，必定会留下他鼓励队友的话语，大家说他是行者族里隐形的天使。

记得第一次参加的时候，因为经历不足，平常也很少锻炼，他只走了30公里，便放弃了，腿脚的酸痛已经不受自己控制了。事后他很懊恼，怨自己没有往前多走几步，或许能坚持的更久远。

但往后的每一年，他都会有不同的进步，每次行走，都会多坚持2公里或者更多，只会超越，不会后退。

他跟我说，不出去走走，永远不知道前方有什么惊喜等着自己。他每一次都可以在途中听见不同的故事，见不同的人，看不同的大自然。而更惊喜的是，每一次的超越，都给自己的内心带去了不同程度的快乐。

　　去年，他第一次把全程挑战完成。他说看到终点的那一刻，他几乎想用泪水来祝贺自己，也只有泪水来安慰他受过的那些苦痛。那些无法掩饰的激动，深深感染着一起同行的人，他们一同欢呼，雀跃。心心念念的终点就在眼前，所有的悲欢离合都抛在了脑后。

　　那些定格的永恒，在心里久久不散。那些美好，是行走才能带来的，任谁都无法剥离脑海里记忆尤深的画面。行走的痛苦，也必将在美好里涣散。

　　他无数次在行走的路上进行深刻的自我反思，领悟生命的美好，感受安静的力量。行走的过程中，时而成群结队，时而单独前行，前路似乎有一道微妙的光，引领前行。

　　但现实生活中，我们总是会被太多的现实烦恼所束缚，工作忙，学习忙，生活一团糟。我们也总会找出很多的借口，来为自己开脱。为那些有时不得不参加的活动，而拒绝每一次行走的路程，用自己拒绝的微笑，扼杀一次次行走的开始。

　　其实，不管有什么样的困难，都可以暂时克服一下。去参加一次户外行走，只有真正意义上参加一次行走，才能体会生命的过程，收获不一样的精彩，如同生命对你格外的恩赐。

　　因为生活中的苦难，像极了"行走"，它会经历磨难，经历绝望，经历放弃与徘徊的痛苦抉择，它像一道看似过不去的坎，考验你的真诚，磨炼你的心智。只有一次次跨越，一次次去克服，才能与惊喜相逢。就如同我远征沙漠，看到终点，收获成功的喜悦一样。觉得所有的苦难，于我来说，都只是微微细雨。

　　行走是人生信念中的一种坚定。说了那么多关于行走的力量，其实回到主题上，也不过是想说，如果前路是一种美好，行走是连接美好的绳索，它能改变你对世间亦或未来的想法，把美好当成前行的信仰，你还会奋不顾身地往前走下去吗？

　　我想多数人都会吧，因为大家都是向往美好的。

　　你从未遇见的人，与你一起前行，你们相互鼓励，欢声笑语，成为彼此生命中难得的知心朋友。你从未经历过的"长征"，你要不留余地的往前走，你从未见过的风景，会变成永恒，刻在你的心田。走过一半的路程，即使腿脚不那么便利，你也决心走下去。

　　这些，于生命而言，都是最好的收获。

　　少一份借口，多一份真诚，去挑战吧，挑战那些你不曾挑战过的苦难，去收获你的信仰，收获你的美好。

　　德鲁克曾说："只有通过绝望，通过苦难，通过痛苦和无尽的磨炼，才能达至信仰。信仰不是非理性的、伤感的、情绪化的、自生自发的。信仰是经历严肃的思考和学习、严格的训练、完全的清醒和节制、谦卑、将自我服从于一个更高的绝对意愿的结果……每个人都可能获得信仰。"

　　一望无际的前路是你的信仰，信仰即美好，美好即信仰。坚定地前行，与勇敢为伍，无论行至哪里，于自己来说，都是生命中最美好的收获，最珍贵的永恒。

　　如行者证书里的一段话：世界有多大，大不过我们行走的力量，未来有多远，远不过我们心手合一的力量。

别让梦想成为一纸空谈

梦想如果付诸于实际，是可以实现的。如果只是一味地空想，幻想，那就一辈子也不可能实现。

我身边有很多人，他们大多都有梦想，但是很多人的梦想，都只是在嘴上说说而已，没有太多实际付出。不过也有部分人，为自己的小梦想拼尽全力。

其实不管梦想是大是小，只要能真正用心去追逐，就是对梦想最大的尊重。

在生活中，我见过为自己的梦想奋战的人。例如张大个——我楼下的盲人按摩师。

之所以叫他张大个，是因为他长得高，有 1 米 9 的个。第一次见到张大个的时候，他给我的印象就是高，然后就是他的眼睛很奇特。他的眼睛，睁着，睁得有点奇怪，五分神在眼内，五分神在眼外，流离在外的眼神，四处分散，一看便知，他的眼睛是有毛病的人。

因为我长期坐着的原因，腰椎颈椎不是很好，去的头一次就是张大个帮我推拿的，他技艺好，我每次点他，次数多了，对他就多了几分熟悉。

我便在聊天中得知了他的故事。

没了双眼，只能比别人更认真干活

张大个是河南人，29 岁，读完初中就辍学了。他的眼睛不是先天性的，眼睛受损来于一场意外。17 岁那会儿的张大个喜欢打篮球，1 米 8 的个子，打得一手好篮球。矫捷的身影，帅气的姿势，时常有小女生给他递水递毛巾。

但厄运来的时候，总是让人措手不及，张大个说他自己没有做好任何准备，所以当意外来的时候，他没丝毫抵抗力。

别人的一次运球撞击，使他刚刚开始看世界的眼睛，暗淡了。那次撞球，造成他的眼睛视网膜脱落，前后做了 6 次手术，反反复复，最终也只落得个只能看清楚一点点微弱的光的结果。

他没怪那个把球撞向他的人，没怪任何人。他说自己那时活得没心没肺，不懂责怪的含义，命还在就行。

也就是那个时候，他进入了按摩这个行业，用他自己的话说就是"废物利用"。总也能用自己的力气干点活，不然爹娘白给了这么大的个子。

18 岁当学徒开始至今，满打满算，11 年。2015 年从河南到北京，他说大城市机会多，能多挣点钱，为自己的将来做打算。不想成为"废人"，就要拼尽全力，北京最不养的就是闲人。

一年半，547 天，他只休息了一天

按摩这个行业都是保底加提成的，保底工资 3500，每一笔收入

按百分之 30 计算，也就是说他每按一个客人，会从客人身上得到百分之 30 的提成。最忙的时候，一天 12 位客人，没有时间吃饭，实在饿得不行，会抽三分钟解决一下真正的快餐式快餐。

我问他为什么不休息，他说不想休息，也不敢休息，趁着年轻，多干干。去年春节没有回家，自己在北京过的，两瓶纯生就着点花生，三碟小菜，凑合过了一个年。一年半的时间里，只休息了一天，那一天，还是因为牙疼去看了个牙医。

他右手的力气突然收住了几分，顿了顿，接着说，今年过年一定要回去的。

长 1 米 8，宽不到 1 米的床，成了夜晚用来寄托梦想全部的地方

很多人都知道，按摩店里的按摩床，是有很多作用的，白天可以用来赚客人的钱，晚上可以用来省自己的钱，按摩店里铺就的几张小床，到了夜晚，便是员工用来睡眠的床。

张大个也一样，尽管他 1 米 92 的个子，但也还是照旧窝在那张长 1 米 8，宽不到 1 米的床上，也就意味着他不能轻易翻身，如果不小心，很有可能随时连人带被翻滚着地。他笑笑说，他几乎都不翻身。那笑里，有几丝无奈的意味。

他说很无聊的时候，会弹弹吉他，就坐在他晚上睡觉的那张床上。用他能看到的微弱的光，去点亮他内心的梦想。那巴掌大的地方，成了他夜晚自娱自乐的场所。

他说他的梦想就是把吉他弹好，将来弹给喜欢的姑娘听。

打碎饭碗，难过了两天

若说张大个眼睛受伤，没有一点难过是不可能的，他只是没有去责备谁而已。他的难过来自有一次他吃午饭，饭在桌上，他伸手去拿，不小心把饭菜碰翻在地上。

他1米92的个子，蹲在地上，哭得像个孩子。觉得自己是个废物，连吃个饭都吃不好，那种绝望的心情，我想也只有张大个自己能体会到。

对爱情依然憧憬，对未来依然向往

张大个说他谈过几段恋爱，眼睛受伤前后都谈过，但都没有修成正果，不过他说往后还是会依然期待爱情的到来，期待一个善良，通情达理的女生走进他的生活。

关于过往，关于那段灰暗的往事，他说不想再去回忆。他想再攒几年钱，回河南老家安家，孝敬父母。资金允许的话，会开上一家自己的小店面，过自己的小生活。

我问他有没有后悔的事，他说唯一的后悔，就是在能看清楚世界的时候，没有好好看世界。他停了停手："不过也没关系，人不能太贪心，我毕竟还看过世界，比起那些一出生就没看过世界的人，要幸运太多。只是，我再也不能打篮球了。"

他说但愿以后会碰到一个喜欢他的姑娘，他们一起过平淡的日子。

张大个的梦想其实很简单，有些人的简单却比登天还难，例如他只是想好好吃个饭，他那么小心翼翼还是摔碎了饭碗。生活虽然艰难，但他从没有过放弃。我想我看到最好的样子，就是认真追逐生活的样子。

　　他的故事虽然很平凡，很琐碎。但生活，又何尝不是平凡所组成的呢。

　　来来往往的人那么多，来来往往的故事那么真。而你，你们，又何尝不是听完之后，各奔前程呢。

避免半途而废

　　"三分钟热度"，做事总是喜欢半途而废，这可能是大家的通病。不论做什么事情，无论一开始有多么热血澎湃，信誓旦旦，最后一定会以冷却收场，早把当初说过的"豪言壮语"抛得远远的。

　　比如报过的瑜伽课，学费刚交完，去了两次，就扔在一边了；比如说好要在三个月内弹熟一首曲子，学了三天就开始烦躁了；比如要在一个星期内看完的一本书，看着看着就搁置了；刚刚听完打鸡血的课程，发誓要努力的心，还没到家就忘却了；说好闲暇之外掌握一门新外语，学了三个新单词就当逃兵跑掉了；去了两次的会计课，一个字还没听明白，就跑回来了；一定要考到手的驾照，科目二考砸，就放弃了……

　　我们对于那些"废"掉的计划，总会给自己找到各种借口去开脱。因为不开脱，良心可以挂得住，但在别人面前，面子挂不住。

　　认识不久的朋友 A 便是其中一个，她总会为自己找各种新鲜借口。

　　她小到看书，大到事业，无一例外。先说读书，每逢打折季，她都会列一堆书单，把购物车塞得满满。但书籍真正一到手，每本翻两页，就不了了之了。她说看多了头晕，要缓缓，于是那种缓缓就成了永久的"缓缓"。

最近她说想开一家咖啡馆，投入的资金在自己能承受的范围内即可，赚不赚钱能维持自己的生计即可，只为了却曾经的梦想——在自己的小店里办公，伴着咖啡香看书，与来来往往的客人聊海阔天空。

我们以为看到了她对这份事业的执着，因为她的行动是这么表明的。她辞职去报名学习各种蛋糕的做法，学习咖啡的制作，跑市场做调查，找前辈学习经验。

但没出两个月，她便告诉大家，她想放弃了。原因是她找了很久也找不到合适的门面，还有一些杂碎的理由便是：怕自己磨出的咖啡不合大众的口味，找不到一个合适的能帮助自己的人选；听说前期投入很大，怕一直没有收入维持不下去……

还没开始就已经结束，无论事情大小总会以失败告终。

当别人笑话她"一事无成"的时候，她总会半生气办开玩笑的回复："你们根本就不懂我，别瞎评论。"

但事实真的是我们在瞎评论吗，显然不是。她只是为她"半途而废"找一个合理的"解释"而已。

类似于 A 的例子不在少数。

朋友 L 是个体型偏胖的女生，每次看见苗条偏瘦的女生，都要羡慕半天，然后开启喋喋不休的模式：什么时候要瘦成她们那样就好了，我宁愿少活五年。

于是办了一张健身卡，说不瘦10斤，誓不回头。但去了一个星期，就死活不愿意再去了。

问及理由，她说太累，每次才开始跑，就已经大喘气，呼吸太困难。

我问她，你不是想要减肥，想变成自己喜欢的样子吗？若是不下决心，永远都达不到你理想的样子了。

她以一种破罐子破摔的口气回复我："没关系，总会有人欣赏我的美，随它去吧。"

当然，现在的她还在毫无节制地胖着，还是会说着如果我瘦成一道闪电，宁愿少活五年那样的老话。

朋友 Z 也是同样类型的人，她每次都兴致勃勃的跟我说打算做什么，但没一次是做成功的，她是那种三日重复同一件事情，就耐不住"寂寞"的人，是那种跟风型的。

例如，别人说要去学街舞，她便立刻跟风举手，说要一起去。于是去了两天，新鲜感一过，热乎的劲头就下去了，她的同伴还在坚持，她已经跑得不见踪影了。

除开生活，工作也是一样的，变幻莫测。前一天她说决定要跳槽去到一个行业，说那个行业有多吸引她，她描绘得有声有色，说得有滋有味。我们劝她，在一个行业待久了，你也有一定的经验了，好不容易扎根的工作，会更得心应手一些，让她不要冲动。

但她似乎很有底气，就是一定要去，说要重新涉足一个新行业，并干出一番事业来。于是她着手辞职，利利落落地告别以前。入职新公司。但事实就是，刚过一天，她就打起了退堂鼓，说跟她想象中的差得太多。

因为她认为那份工作若不付出很多时间，是应付不下来的，她没有那么多精力去应付了，即便喜爱那也不行。

可见她的喜爱是一时冲动的，是不计后果的。舍不得付出，又想得到，几乎是不太可能的。

其实这是我们生活中很常见的例子，一开始大多迷恋新鲜，便能付出很多热情，但新鲜感稍纵即逝，剩下的只有反复的枯燥。而半途而废不需要付出任何成本，坚持太难，付出太累，太辛苦。

但如果谁都能随随便便，就达到你的某项愿望，那生活岂不是太简单？那世界上成功的人，便如同菜市场的大白菜，一抓一大把。

要想自己能达到某个愿望，那便要一改半途而废的坏毛病，慢慢培养自己长期坚持的韧性。

例如刚开始决定做一件事情，便养成天天做这件事的习惯，再谈事情的进展和质量。

再者把目标写在醒目的地方，让你自己每天能看见。先罗列大目标，把年度目标细分到月度目标，日度目标。再把每一天的时间区分成几段，例如早上起床两个小时必须看书，中午午休的一个小时必须要散步，晚上的两个小时，一个小时用来健身，一个小时用来弹琴，等等。

一开始不要太强迫自己，降低自己对此件事情的标准，先习惯再讲效率，让它成为习惯，让它在你的生活中不可或缺，每天进步一点点，哪怕时间缓慢，你也总会收获到属于自己的成果。

反观那些成功的人，倒不是因为他们本来有多么优秀，而是他们身上都有一种很重要的品质，那就是坚持到底的精神，这种精神让他们变得优秀。无论做什么事情，即便前方布满了荆棘，他们都会咬牙坚持到底，半途而废于他们来说，就是一种轻薄的侮辱。

不说生活中，要有多少必须需要我们去坚持做的事情，但能说出口的也应该有那么一两件。

例如我自己，这几年唯一没有半途而废的事情，便是阅读，无论时间再怎么紧凑，我都会抽出一个小时的时间读书。慢慢地，养成了习惯，从一开始月与月不间断地读书，到周与周，再到每一天。现在是如果哪一天不读，就会浑身难受，感觉少了些许什么东西似的不自在。

生活并不总是充满激情和乐趣，你不用在意你起跑时有多快，而是要在意你能坚持跑多久。

选择大于努力，坚持优于盲目

人生路上，我们难免会面临各样的选择。尤其是在大学刚毕业的阶段，会迷茫，会疑惑，因为经历太少，所以会有太多的困扰束缚自己：是继续考研还是立马就业；是回老家安定，还是飘浮"北上广"；要创业还是替老板卖力。

选择自然就成了人生的一场必修课。有时候因为不同的选择，面临不同的结果。起点相同，资质相同，可结局却完全不相同，因为选择的方向不同。

但有时候你不得不承认，选择大于努力。举例来说，你本来要去上海，但你导航的目的地却是北京，无论你怎么努力和使劲，结果都还是离目的地越来越远，与初心背道而驰。

关于选择的方向，记得美国威克教授曾做过一个这样的实验：他把蜜蜂与苍蝇同时放进一个敞口玻璃瓶里，瓶口对着暗处，瓶底对着光亮处。没过多久，成群结队的蜜蜂纷纷涌向光明之地，用力挣扎，最终气尽衰竭而死，而那些苍蝇则幸运地溜往瓶口逃生。

这就是典型的选择不对，努力全废。我们竭尽所能往一处使劲，但从来没有想过这个方向是否正确，尽管努力，依旧摆脱不了失败的命运。

有人说，无论我怎么努力工作，努力生活，终究还是达不到自己想要的结果。其实有时候不是你不够努力，而是你奔跑的方向不对。

学会选择，总比蒙头努力要重要得多。

我有一个学弟，毕业一年，一直在 B 公司工作，当新媒体文案，撑不饱也饿不死的状态。

前天他跟我说，决定辞职跳槽到 C 公司，但又迟迟拿不定主意。因为这里安稳，扣除去五险一金，每月到手还有 5000 块，平常福利多，有带薪休假。但弊端就是发展前景太小，有局限性。

而 C 公司虽然前期薪水开的少，但公司大，平台大，人脉网多，学习机会多，可以出国深造，大咖多，升职也快。

他说自己拿不定主意，不知道去哪边，更适合自己，更利于自己。也不知道，如果跳槽值还是不值。

那到底什么是适合自己的，什么又是值得与不值得？衡量值与不值的标准，当然一目了然。

如果单从薪资来计算，肯定是留在现有的公司比较值得。但如果按长远打算，自然是 C 公司要合理得多。他可以利用 C 公司的平台，提升自己的能力，创造更多的价值，积累更多的人脉经验，为未来做更好的铺垫。

但任何东西，都会含有部分风险在里面。例如他去 C 公司，待得不开心，没有人愿意传授他更多经验，不受重用之类的不确定因素。

但这不正是对他的一番挑战吗？他当然要拿出几分勇气，为自己的前途博弈一番。

结果我们谁都无法预料，那就只有把利弊、选择，尽量做得客观一些。

例如，在脑海里仔细思量一番，抛开那些固定的数目，哪家公司未来的增值会更高一些。

学弟在 B 公司，虽稳定，但升职涨薪比较困难，头一年 5000，按工作经验递增，也不过就是一星半点，涨个千八百。他再怎么努力，也会被圈子限制。

但如果他去 C 公司，只要足够谦卑努力，他的能力职位都会慢慢变化，前两年可能薪水数目不太可观，但随着经验，能力的自我增值，自然会翻几番。

把利弊放在明面进行剖析，结果自然明朗，自然也就该知道如何选择了。

经过自我分析和旁人劝导，学弟带着一颗坚定的心，跳槽到了C 公司。因为工作氛围的不同，以前的懒散劲儿消失得无影无踪，取而代之的便是没日没夜的努力。

因为用功加上好学，他的能力很快得到了肯定，一年的时间，他升职为主管，薪水比以前加了几番，并不断有公派出国学习的机会。

他的付出有所值，因为用对了地方，找准了方向。

所以更多的时候，选择比努力更重要。要先选路，才能再赶路。也就是先把路的方向找好，才能去努力奔跑，去坚持，去执着。

当然，学弟是在他自己的领域，选择了更利于自己发展的工作。而我们不见得是在某一个专业领域选择，有的跨越更大，抉择更难。

例如我认识了几年的一位大哥，他 45 岁。以前是一个小有名气的演员，早年因为出演某部戏里的一位教官，被大家熟知。

不过现在早已过气，因为属"大龄"，外貌也没有多大的优势，处在经常接不到戏的状态，偶尔接到，也只不过是三四线配角，无论他对电影有多痴迷，多认真，他的才华都被淹没在众多跃起的影星之中。

生活难以为继，不得不考虑现实。

后来他忽然意识到自己很有酿酒的天赋，对这一行业也比较感兴趣，所以在城的六环租了一处僻静的院子，成天酿酒。因为认真，因为专注。他酿的酒渐渐被大家熟知，争相抢买。

闲暇时为自己的爱好拍拍戏，迫于生计便以酒换"肉"。

是因为他真的很喜欢酿酒，所以才选择每日"闻酒起舞"吗？显然不是，他的聪慧之处在于，懂的在适当的时候"断舍离"，一个地方"磕"不下去的时候，换个地方"磕"，他懂得变通。

从他身上可以看出，有时选择也没有想象中的那么困难，只是自己的意识过于重，压迫了自己。

学弟也好，大哥也好，他们不同的努力，都只是对生活的一种选择，而他们都并未屈服于生活，对它妥协。

选对方向之后，在一个行业里坚持下去，只要是在正确的路上，哪怕一天进步一点点，成功指数都要高很多的。

当很多路子走不通，对我们不利的时候，可以换一种步伐前进。总之，你要知道，努力是为了让自己有更多的选择，而不是被迫谋生。

有些人不探路不思考，盲目前行，导致自己无数次换工作，无数次无结果，无论哪一行都没有摸透。

至于要怎么选择，在抉择前多给自己点时间思考，仔细衡量它们的利与弊，不要不经思考，就快速决定，于人于己都是不负责的。

人生路，不是多选题

记得一个印象深刻的故事，那是关于加菲猫的。

故事里描述：一只加菲猫不小心走丢，被卖进一家宠物店。陌生的环境令它困扰，更痛苦的是，它担心它的主人乔恩，会因为找不到它而着急。

但是命运很巧，在一个清晨，它看见了一个熟悉的身影，走进了宠物店。那个身影，正是它的主人乔恩。他一眼便看到了加菲猫，欣喜若狂，把它带回家。

一家团聚，几乎是完美的结局。

但故事的最后，加菲猫说了一句意味深长的话："我永远不会去问乔恩那天他为什么会走进宠物店。"

这句话的潜台词是：主人弄丢了我，陷入深深的痛苦中，必须要去宠物店再买一只，才能缓解伤痛。主人如果不踏进宠物店，我就不会与他相逢。但主人生出那个买猫的念头开始，也就意味着放弃了对我的寻找。

加菲猫是聪明的，因为它知道世间上没有两全其美的选择，也没有它可以指定的选择，所以它把那句话深藏在了自己心中。如若它的主人不带走它，也会有别人来带走它，它没有选择的余地，所以它是知足的。

　　用一只猫的故事来隐喻人生道理，或许是浅显的，但它的故事却足以贯彻真理。因为人生的抉择也是如此，有时候我们被动，或主动地做着一些选择，面对着对与错的两面结果。有喜悦，有无奈。但面对生活的无奈，我们无法去责备谁，怨恨谁。

　　也如加菲猫，即便会对主人有些许埋怨，但它也无法在明面上指责乔恩不该走进宠物店抛弃它一样。

　　因为有时候你对生活没有太多选择的权利，只有做好一切准备，等着生活来选择你。

　　前天收到读者的一封求助信。

　　她洋洋洒洒的千余字，可以归纳为五个字：我该如何选择。

　　她叫大喵，25 岁。大学毕业两年，有稳定工作，生得一副好容貌，有一个非常相爱的男友。

　　她说男友爱她的程度，只会比想象中的多，不会比想象中的少。

　　他愿意为她跑几条巷子去买她爱吃的饺子；愿意站 20 个小时的火车，只为相聚 5 个小时；愿意留下一毛，把手里的 9 块 9 都给她。愿意点餐的时候，把自己的那一份也点成她爱吃的。他可以把一切都给她，唯独一个好前程。

　　她爱他，但又不喜欢他。

　　她爱他对她的好，爱他的温柔体贴，爱他长长的睫毛。但不喜欢他每天累得像狗，但又赚不到钱的窘困样。

　　因为年幼的贫穷，容不得她对爱情有更深的见解。穷，对她来说，是植入骨髓的深沉。

　　她出生在农村，因为家庭原因，她从小就见惯了各式各样的穷苦样：父母为她的学费东奔西走，给人低三下四的模样；学校春游，她交不起100块钱的窘迫模样；同学吃零嘴，她偷偷吞咽口水的可怜模样；别人穿新装，她偷偷艳羡的模样……

　　男友的深爱，也满足不了她对未来的幻想。不说她的未来应该过上纸醉金迷的生活，但至少也不会辜负她的漂亮躯壳，奢靡上下不要差距太多。

　　她要迈入更好的阶层，才能对得起父母，才能给自己的贫穷画上一个句号。给自己一个足够安稳的未来，给父母一张完美的答卷，是当下必要做的事情。因为青春有限，宝贵的时日无多。

　　男友的现在，并不是她想要的未来，她看不见任何希望。她说就是因为爱他，才给了他足够多的时间。

　　而如今刚好出现了金钱与地位并重的人，明恋她，追求她。她有了一张通往上流社会的入场券，只要她愿意，她想要的一切都在未来等着她。

　　她问，该如何抉择，才不会辜负男友，也不丢失好不容易到手的入场券。她说她仿佛站在十字路口，迷失了方向，艰难地抉择着。不知道哪条路是对的，亦不知哪条路是错的。

　　我想这还用问吗？想必她的内心早就有了自己的答案。只是说出来，会让自己的内心好过一点。

　　如果说小喵选择了她的男友，或许会与想要的未来，背道而驰。她若选择了金主，那她也许会失去感情里的至纯至爱。

　　她一边贪婪物质的豪华，一边贪婪感情的豪华。

　　但人生，又怎么可能两全其美呢？人生毕竟不是多选题，感情也一样，两者只能择其一，弃其一。也就是说你选择了这个，就必须放弃另外一个。

我们这漫长的一生，会不断的面临选择，但终究要在众多答案里，选择一个属于自己的，而无论怎样的结果，你自己都要为自己的行为买单。

就好比小时候你选择了"大白兔"，你就无法选择"QQ糖"，选择了去荡秋千，就不能去玩玻璃珠。选择了骑行，就不能去坐车。

长大了也一样，选择这样，就必须舍弃那样，而且谁也不会知道选择另一项答案后会怎样。就像这句话一样，"如果可以，真的好想知道答案以后再做选择，然而这一切只是妄想"。是的，那些都只是妄想而已。

毕竟我们的人生无法像《荼蘼》那样完美，编剧可以让女主把面临的两种选择都过一遍，但现实就是现实，不会出现那样的多选题，也不会给你两次机会。

人生就是单选题组成的一张试卷，在你选择这个之后，无数个单选题会接踵而来，你唯有做好应答的准备，才能让答案，靠近心中所想。

无论是感情，亦或是生活，都唯有忠诚于自己的内心，才不会让自己做出的选择有遗憾。毕竟自己选择的路，再艰难也不能回头。面对那些困惑，我们唯一要做的，就是在自己选择的事情上，干脆决绝。选择之后，不遗憾，不后悔。

走出自己的舒适区

所谓舒适区，就是我们在自己擅长的工作领域里，游刃有余，不会有任何解决不了或为之困顿的东西。

我们大多都喜欢舒适区，喜欢安于现状，因为不会接受挑战，也不会被磨难围攻，有绝对的舒适感，所以舍不得放弃眼前的生活，不想做任何改变。

殊不知，人在舒适区待久了，我们的思想就会本能地排外，对陌生的东西，内心会产生一种抗拒感，更不愿意接受新鲜事物，整个人会被目前的舒适度一点点拖垮。

这样的结果，就会导致我们渐渐退化成一个 Baby，失去与外界更多交流学习的机会，活在自己的世界里。

我们只有勇敢地迈出舒适区，走过"恐惧"区，迈进学习区，路才会走得越宽，本领才会变得越来越强硬。

记得很早前一位学弟的亲身经历。

他大学毕业刚毕业，面对人生第一次择业，迟迟难以抉择。

他说一共有两份工作等着他自己。

一是家里替他安排好的工作，无需动脑，没有技术含量，只需每天到人，象征性的应付一下就行，工资在当地也比较可观。

二是自己心仪很久的工作，未毕业前就心生向往的，用人单位也愿意给他这个机会。这份工作和专业对口的相似度有 50%，也就是说另外的 50%，是未知的，需要自己努力去开拓的，薪水前期没有第一份工作高，但发展前景很大。

他选择了第一份，他说没有理由拒绝那份看似完美的工作。

但没出两个月，他就坚持不下去了，当了"逃兵"。他说太安逸了，安逸得令人害怕。日复一日的枯燥，虽然能养活自己，也能养活未来。但实在缺失了一点工作的激情。

他痛定思痛后，决定辞职。重新选择了第二份工作，那份对他充满挑战的工作。虽然从书本走到真正的实践中，不是那么容易，也没有任何基础，一切都要重新开始，充满了困难，但他也乐在其中。

因为于他而言，每天进步一点，就是对他自己的一种肯定，他会渐渐在肯定中，取得更大的成就感。

虽然他变回"小白"，但并不见得是从头开始，他只是克服自己内心的恐惧感，走出自己的舒适区，真正的去接纳和学习更多陌生的事物。

有一句话叫："当你走出舒适区的时候，生活才是真正的开始。"

想必也是这样，只有走出舒适区，一次次突破被自己铸就的心理羁绊，才会遇见更好的自己，更好的别人。

那些对舒适区下不了"狠手"的人，他们大多墨守成规，束缚着自己的思想，不愿意做一丝改变，守着现有的生活，难免会丢失更好的机会，更好的未来。

堂姐单位里有一个同事，叫萧杉。

萧杉就是那种宁死也不肯走出舒适区的人。

堂姐她们前阵工作岗位调动，萧杉从运营主管岗下调至到普通基层。

他明面拘谨，暗面咒骂。其实至于调动的原因，他自己最清楚。

他整日除了说自己运气不佳外，便再也讲不出多余的话语，更不会反省他自己本身的态度。

萧杉能应聘到堂姐的公司，并不是因为他自身有多么优秀，有一部分原因是领导碍于别人的情面，其余一部分原因是他的专业对口，所以他一进公司，就被破格升上了主管。

按理来说，他应该更主动，更上进，跳出这层光环圈，变成一个名副其实乃至更好的人。

但他不是迟到就是早退，在岗位的时间，不是插科打诨地闲聊，就是玩游戏。

年长的同事总频频示意他，让他多学习专业知识，尽快熟悉工作上业务，以谋求更高发展。

他极其敷衍，每次都以一种得过且过的态度来略过此话题。

公司提供的内部业务技能培训，他一次也没有参加过。他说守着现在的这个位置就挺好的，他很满足，他不需要做更多的改变和更大的努力去达到下一个位置，那些机会留给比我更年轻的人就好。

他得过且过，生活便自然不会让他好过。他在这次调动中惨败，也是理所当然的。

没人会一直在原地等你，只有跳出一时的舒适，才能收获永久的宁静。

现在被牢牢定在座椅上的他，天天叫苦不迭。跟以前的那份轻松自在相比，他丢失的不光是一份自由，更是领导提拔赏识他的机会。

要知道，舒适只是短暂的，而成长却是永久的。

"只有在掌握主观能动性的基础上，时刻保持学习能力，不断囤积实力，积累经验，强化生存技能，才会在未来的风雨波动之下安然无恙"。

记得有人曾问我，人为什么不能选择舒坦一点的生活，努力不就是为了让自己过得舒适吗？

但人生没有一帆风顺，一切的未知都充满了变数，只有不断成长，不断进步，防患于未然，才能让人生不至于被生活突如期来的困苦，打得措手不及。

其实不管事业层面，还是生活层面，任何层面都是一样的，不走出舒适区，就不能更好的进步，永远禁锢在薄弱的最浅层里。

拿游泳来说，我只会蛙泳一种游泳姿势，教练希望我其他几种也全都学会，但我怕麻烦，怕苦难，一口拒绝。我说我会游泳就行了，怎么游法不重要。

但我每次去泳池边，看其他人各种姿势很潇洒的完成几百米比赛的时候，我都会投去羡慕的目光，一副万分后悔的模样。想如果多学习几个姿势，其中收获到的乐趣，也是无穷尽的。

因为我熟悉了这项动作，并能利用这项动作，对于学习其他陌生的动作而言，实在是有点"画蛇添足"，但实际它们却能为我带来另一种不一样的精彩。

M 斯科特派克说："对于一只鸡蛋来说，从外打破是食物，从内打破是成长。如果等待别人打破你，那么你注定成为别人的食物；如果你能让自己从内打破，那么你会发现自己的成长相当于一种重生。"

所以主动和被动的结果，一目了然。

勇敢地跳出舒适区吧，去主动出击，去跨越，去接纳。别在该奋斗的年纪选择安逸，日后你一定会感激现在拼命的自己。

每一个成功的人，都是勇敢地走出暂时"魅惑"你的舒适区，顶着压力和痛苦，最终达到"身与化物，意到图成"的境界的。

四 人生没有白走的路，每一步都算数

从现在起，你必须学会一件事，你不能靠别人只能靠自己，只能依靠你自己，很悲哀，但这是真的，你最好早点学会这件事情。

——《美国丽人》

直面更多的困难

托尔斯泰有一句名言叫：幸福的家庭都是相同的，不幸的家庭却各有各的不幸。

借他的话改一下，困难大多是不同的，要经历各种狰狞和挣扎，面临各种不一样的挑战。但困难过后的喜悦是相同的，结果都是甜蜜的。

生活中，我们又何尝不是面临各样的困难呢？可每个人的困难，都那么不一样。

我有一个朋友，是单亲妈妈，结婚不到两年，便离婚了。因为丈夫有暴力倾向，隔三岔五就对她拳打脚踢，愤怒相加。

第一年丈夫表现得还好，没有任何端倪出现。但第二年，就"旧患成疾"，让她没有一天安宁的日子好过。

于是她酝酿了一个巨大的计划，胚胎渐渐成形，她鼓起莫大的勇气，向丈夫提出了离婚。男方同意，他说离婚可以，没赔偿金，没有儿子的抚恤金，她必须净身出户。

她答应了，抱着儿子，头也没回的走了。走得虽潇洒，但有很多现实的因素摆在她面前。她必须带着自己年仅两岁的儿子，在没有任何保障下，艰难度日。

没离婚前，除身上的"棍棒"折磨外，她的物质生活起码是有所保障，吃喝穿住是不必担忧的。

现在的她，一无所长，像是一个"巨婴"，没有自我保障能力。自从跟前夫在一起后，她就丢失了社交、事业，和所有一切学习的能力。

她不得不重新锻炼自己的谋生能力，以给她和孩子最基本的一个保障。她给了自己重新再来的勇气，把儿子寄放在父母身边，自己重拾专业，报了一个课程，以便更快地适应社会。

因为年纪大龄，加上很久没有融入其中，她不得不比别人付出更多的努力。每天早出晚归，有一餐无一餐，埋头做着各份资料。

她面临的困境中，有两大难。

她的第一大难，是鼓起勇气提出离婚，要知道，现在的人，宁愿苟延残喘地将就，也不愿提出离婚那两个字。

她的第二大难，就是重归职场，独自面对那些来自外界的压力，和社会的舆论。

好在她的适应能力强，心灵没有着落的时候，就以儿子为依托。用时间和精力织成一张缜密的巨网，把工作网罗的结结实实。

通过她自己的努力，为自己和儿子的前程开辟出了一条坦荡之路。一年后，她把儿子接到自己身边，白天保姆代劳，夜晚就是她弥补亏欠儿子的时间。

虽然受过很多苦难，但她没有把抱怨生活的话，吐槽给任何人，包括她的父母。

现在她的生活越过越好，脸上，没有一丝被生活折磨过的痕迹。

因为她足够自信，也足够有勇气，困难于她来说，只是一个小小的恶作剧，她一个人足以承受。

她说，那是她人生里做的最艰难的一个选择，她有那样的勇气，想必日后的生活，没有什么能再困扰到她。

只要活着，前路就会有不同程度的困难，随时降临。而每个人面对的困难，都迥然有异，但当下那些绝望的心情，又都是一样的：无助。

有人说起自己所遇见过的困难，可以轻描淡写。也有人对自己的遭遇，过目不忘。那些深的浅的，都将过去。是新伤还是旧痛，都会结成一道旧疤痕，愈合所有疼痛。

曾经跟一个学妹聊天，问她经历过最为痛苦的事情是什么。

她说既不是高考所带给她的压力，也不是来自父母的压力。而是高考结束那一年，她去外地做暑假工的时候，独自忍受的穷和孤独。

高考结束后，她想自己赚些生活费，来减轻家里的负担。

她去离家很远的一家连锁餐厅打工，负责在前台收银，点菜，打包叫餐，一天三班倒。因为人生第一次打工，适应能力也没有那么快，点菜重复会挨骂，打包慢了也会挨骂。

不过她觉得那些都还好，除了这些"必要"的挨骂，一切倒还顺利。

但一个人，终究不是那么会照顾自己，难免对自己会马虎一些，她不小心患了一次重感冒。

一个人粗惯了，一场小小的感冒，也没有太在意，以为无大碍。谁知道越拖越严重，第二天起床，浑身无力，恶心、头疼、发烧，病痛一起袭来，最恐怖的是，当天晚上还要值夜班。

临时请假根本来不及，她害怕扣钱，害怕辞退，只好硬着头皮去了。

一个晚上她吐了三次，吐完擦干，接着切菜，洗菜，泪水在她眼里生生打转，没有掉下来。

好不容易强撑到早晨六点，来不及换衣服，就往回家的地方跑。路上经过一家药店，她打算买一些药，但身上只有几块钱的她，忍不住蹲在马路边上痛哭起来……

她说那一年又穷，又孤独，好在她年轻。忍受一下孤独与贫穷，也不是什么坏事。

告诉我这些的时候，她正在读研，一脸安然。

唯有念念不忘，化苦难为前进的动力，才能对得住那些过往的事情，才能在下一次绝望中，淡然相受。

相信她的前程，会一路美好，因为她尝过孤独与贫穷的滋味，当下一次磨难来临的时候，她有信心去面对。

如果要过得比想象中的好，又怎么能不付出比想象中大的磨难呢？从古至今，哪一个人是没经历过丝毫困难，就走向成功的呢？

想必没有。

苏联作家奥斯特洛夫斯基，在健康严重受损的情况下，即便双目失眠，全身瘫痪，也凭着顽强的毅力完成了著作《钢铁是怎样炼成的》。他所经受过的苦难，全被他一字万金的描写在了书本里，成就了不可磨灭的他。

新东方创始人俞敏洪，高考二度落榜，第三次才如愿考上北大。正是他遭受的那些白眼，成就一次次绝不服输的他。

万达集团董事长王健林，曾遭受多家银行的拒绝，没有一家银行愿意给他借贷。他连续9天9夜，未曾合眼。为了拿到2000万的贷款，他牺牲了自己的尊严，在银行的走廊上站了5天。虽然最终都没拿到这笔贷款，但为他日后的成功埋下了伏笔。

　　人实属有太多不易，那些经历苦难收获成功的人，想必也没有过多的花招和诀窍。有的只是真诚的付出，和坚持的毅力。

　　那些或大或小的困难，于我们而言，都有不同的意义。不管是企业家还是普通人，我们面对的，能晾在明面上来说的苦难，于自己而言，终究是当下最痛苦的。

　　记得有一个朋友，一直以来他都是一个很坚强乐观的人，很少见到他忧郁的一面。但他最近脸上总挂着薄薄的阴影，开心不起来。他跟我说要离职去西藏，放弃一切，包括车子房子。

　　我很讶异他所做出的决定，因为他的工作，是别人想进都进不去的一家外企单位，待遇非常优厚。

　　我问他为什么。他说在一起整整十年的女朋友，跟他提出了分手。他觉得人生无望，再好的工作，再好的房子和车子，都是没有用的东西，不如就让他了无牵挂的离去。

　　两年里，他杳无音信，朋友圈微博皆未更新状态，手机永远无法接通。

　　但两年后，他牵着一个姑娘的手出现了。我看到姑娘的中指上，戴着一枚银色的戒指。那只手，连同戒指一起，被他紧紧地握在手中。

　　那个姑娘，就是她现在的未婚妻。

　　他说遇到现在的女生，才知道谁是世界上最爱他的人。若不是当初前女友带给他的绝望，他不会感受现在的女朋友对他的好。

　　朋友笑他说，我们也真应该往西藏去一趟。他笑，去西藏是老天的安排，专程与未婚妻去相遇的。

　　你看，无论多么绝望，我们最终都会从沼泽地里走出来。

　　婚姻也好，生活也罢；事业也好，感情也罢。

　　不去经历一些别样的困难，就不会收获别样的人生。所以不用害怕困难，遇见它，不躲避，大胆地正视它，迎合它，其实它比你想象中的要简单。

每一步都是精彩的风景

离双井地铁站出口 200 米的地方，你会经常看见一个瘦削的男生在捣鼓着他的书摊，所谓的书摊，也就是一个破旧的三轮电动车撑起来的。书摊虽有点破旧，但书籍的种类很齐全，营养很丰富，哲思、电影、诗词、散文、小说、古文、励志各类应有尽有。每天大概在黄昏的时候，他就会出现。

跟他的熟识，就是源于那个书摊，两年前的某个下午，我挑了三本书，因为都喜好书，聊的话语就多了一些。时间久了，自然熟络了。我也渐渐在相处中，得知了他有个"书店梦"。

他叫易源，湖南永州人，来北京四年了，他说摆书摊也有三年了，他的本职是 IT 行业。但因为年少就喜欢书，便喜欢在下班后，边看书，边卖书。

因为我住的地方离他的书摊相隔不是很远，我便会隔三岔五特意经过他的书摊，跟他聊天，顺便借上几本书翻阅。

你看到的那一摞摞整齐的书籍，都是他在各大旧书市场淘来的，他一天的时间，可以分成好几截。他每天早晨 5 点半起床，转三趟公交车，换一次地铁，去旧书市场，淘书，选书，把书带到住处，再折腾到旧的三轮车上。一个来回弄完，再踩着点去上班。

我问他辛不辛苦，他说因为热爱，无所谓辛不辛苦。是啊，尽管他的身体无限疲惫，但那张脸，无论起得多早，睡得多晚，总体看上去，还是神清气爽的。

我跟他一起摆过几次摊，每次都会见到很多衣着不同的人前来翻阅书籍，有认真挑书的，也有图个新鲜的，无所不有。

次数多了，便也觉得好玩，在他忙碌的时候，我会帮他选书，卖书，价格由他定。

双井桥下，那些向左向右走的人中，如果对生活有细微关注的人，会知道那个摊上多了一个女生。更细致的人会看见，书摊上会经常聚拢一些同一年纪的人。时间长了之后，易源把每一个在他那里买书的客人，都拉至一个微信群里，聊各种书籍，聊文章里的故事，关于文学，无所不聊。

我知道，开书店一直是易源的梦想。但他的资金，限制了他的行动。他不得不白天上班赚钱，夜晚下班赚钱，继续自己的梦想。

风景再美，现实也终究残酷。他只得每日继续承担着被城管拖车的风险，一站到底。城管扫街是经常的事，只要城管的车有一点风吹草动，他们那条街上所有摆小摊的人，都会像落荒而逃的老鼠，四处逃窜，他也不例外。

于是，在那条街上，你会见到各样的人，为生活奔跑。但那些奔跑的身影，都是积极的，可爱的。

易源的书摊被拖走，是在几个星期后的黄昏。他告诉我，他来不及躲避，几个城管不管三七二十一，把他的小电驴，还有电驴上的书一起拖走了，连同那个没来得及吃完的鸡蛋灌饼。

他说尽了好话，使尽了颜色，都没有把笑面城管的那层皮肉说得宽松点。车子发动前，他们丢下一句话：拿三千块钱来赎。三千块，够买下那堆书和小电驴了。

我原本以为易源不会去赎，但没想到他真的带着钱去了，原封不动地把它们领了回来。他说，钱不是生活的全部，但书是。他宁愿把书重新卖一遍，卖到喜爱它们的人手里，也不愿意把书归到一个陌生地界。

于是那条街景上，再次出现了一个卖书人，一个向往生活，热爱生活的卖书人。

有人说，人生处处皆风景，谁说不是呢？每一个人，造就的每一件事，都是人生里不同的风景。有些人努力编织风景，让它变得有价值有意义。他们穷尽一生，都在追寻自己生命里的意义，把自己本真美好的那一面，供人欣赏。

我曾去过易源的住处，在城五环一处僻静之地，倒两趟公交车，走一截路，经过一条菜市场，穿过火车轨道，再走过一个脏旧的巷子，就是他的住所。

房子在一个破旧的院子里，不足八平米，窗户玻璃的裂缝，是用杂志报纸糊起来的，以便遮挡风雨。房间的床，被他的书占领了一大半，墙壁上挂着一把吉他。因为面积小，床上床下，都有书，他能活动的地方就少之又少了。

厕所是公厕，上厕所要跑去离屋子几百米的地方，而且公厕没有灯，他说晚上尽量少喝水。

我看着他对生活用力的样子，有些莫名的心疼，他说他什么都不怕，唯独怕城管。看见一次，便要躲避一次。

那天晚上，我跟他一起把书搬到他的电驴上，整整齐齐安放好，用一床破败的棉絮盖上，我坐在书上，他载着我奔去目的地。穿过一条又一条的小巷子，巷子里有很多摆小摊的人，每个人都在用力吆喝，嘴手并用。

易源说，他们那一带住着的人，都很友好，买东西从来不会缺斤短两。如果你路过，你会看见那些胖瘦不一，货品不一的人，他们吆喝的样子，也很可爱。

我们去双井的路上，会看见许多高低不一的建筑，因为夏季黑的晚，也能清楚的看见它们精神焕发的模样，没有一点慵懒。路上的车辆永远那么拥挤，这就发挥出易源小电驴的优势，可以钻各种小缝隙，驾轻就熟。

我们到得不早不晚，但还是看见很多摊位都已经相继出摊。左边那个卖手工品的女生，早就把她的家当整理好，只等人前来欣赏。右边卖手机壳的大哥，已经点燃了一根烟，跟客人介绍起了商品，看得出，他是做生意的一把好手。

因为他总是能让别人乐呵呵地掏钱，乐呵呵地离开。想必，他也磨炼过不少时间，才把功夫练到这般地步吧。

易源指着对面的一家咖啡馆，他说他的梦想就是拥有那么大面积的一家书店，可以随心所欲自由摆放，空间由他自己设计。

我能看得出来他对生活的热爱，是源自那一家他梦想中的书店。他说他万事只能靠自己，白天卖脑力，晚上卖力气，就是想让那里有自己的一席之地。

其实不光只是我所认识的易源，那里街上的每一个人，他们的思绪里都藏着一个不同的梦想。你看到的那些来来往往的路人，那些商品店里的每一个人，那些每天到点就摆摊的人，那些在写字楼里的白领，那些在饭桌上灌酒如水的人，每一个人都如是。

　　在那条街上，每个人用不同的思想，编织着不一样的风景。相同的是，每个人都编织得很用力，如易源那样。

　　我们一生，要去到很多地方，看到不一样的美景。但每个风景里，都蕴含着无数人的梦想。想必，只要我们热爱生活，热爱万物，哪里都会变成最美的风景。

不被赞同的梦想也是梦想

　　每个人都有梦想，无所谓大小。只是有些人的梦想实现了，有些人的梦想被埋藏了。

　　那些实现了自己梦想的人，是在"枪林弹雨"中挣扎了过来。那些梦想没被实现的人，被自己这样那样的理由，吞噬了。

　　有些人的梦想平凡，例如他只是想健康平安，吃饱穿暖。而有些的人梦想，则有些别样，例如他想实现自身的价值，去追寻生命里不一样的精彩。

　　大多数的人，都只是平凡的梦想，他们在自己的岗位上，循规蹈矩。可另外一小部分的人，不甘命运的平庸，拼了命，也要努力攀登。

　　可自古以来就有这么一个理儿，令你无法反驳，那就是"少数服从多数"。也就是说，那一小部分人的梦想，是"违背大众意愿"的，是不被赞同的，是注定要被嘲笑的。

　　你的梦想，与别人相差太大，别人是会用最有力的语言攻击你的。

　　例如，你的朋友就想当个工人糊口养家，你的兄弟就想月入

7000过普通生活。而你则"口出狂言"想当科学家，想当CEO，想当作家，想拥有他们听都没有听过的名号。

那些致命的嘲笑声，自然不会放过你这个"另类"。那些尖尖细细的声音，会犹如子弹一般密密射来，袭击你身体各处。如果身体够强大，你就承受住了，如果身体不够强大，你会就此倒下，止步不前。

只有当你的梦想实现，质疑你的声音，嘲笑你的声音，才会终止，你的身心才会得到缓和。

其实，被嘲笑的梦想，何以显得珍贵？别人之所以嘲笑，是因为别人做不到。

回头细看，那些如今取得一番成就的人，谁又不曾被人嘲笑过呢？

我有一位朋友是著名的魔术师。他说他小时候一边顶着小伙伴的冷嘲热讽，一边苦练魔术，最终他用信念成就自己。如今他把美轮美奂的魔术，带出国门，供全世界人欣赏，更是被外国人誉为华人的骄傲。

未成功前，因为他的梦想太"奇葩"，导致被全班同学嘲笑，他的脸羞红到脖子以下。如果不是内心足够强大，如果不是对理想的执着，他如何得来今天的成就？

而那些当初用力嘲笑他的人，说不定在各行各业，为生活拖累得像一个秃了顶的老人。他们或许要省吃俭用好几个月，才能买得起看他一场魔术的门票。

没成功前，别人自然会笑你，耻你，辱你。成功后，别人赞你，夸你，捧你。你的心能承受多大的诋毁，就能承受多大的赞誉。

如今看那位朋友表演的那些魔术，你分不清哪个是真，哪个是假。只知道他的每一次表演，都带给了我们前所未有的视觉上的享受。真正会有所成就的人，是不会惧怕冷落嘲笑的声音的。

只有耐得住梦想的终极考验，才能成就真正的自己，对于华语乐坛教父李宗盛来说，亦如是。

当初，李宗盛每走一步，都被人批评没出息。因为他学习成绩不好，学习成绩不好，就会让人误以为，他做什么都会做不好。

但事实并非如此，他很快找到了自己的爱好，弹吉他，搞音乐。一个人最重要的，是先找到自己的爱好，再去竭尽全力。

他喜欢吉他，便一头扎进乐理，刻苦钻研。但这并不意味着，他从此就走向了一帆风顺的音乐路。他依旧会被别人看不起，会被人嘲笑。他们说："你这么丑，怎么去弹吉他唱歌？"

但这些刺耳的语言，并没有击垮他的信心，反而激起了他的斗志。他更加努力，更加在音乐里倔强。一直到后来，他火遍了音乐界。

那些嘲笑他的人，自然不会猜到，多年后的李宗盛，用 14 岁那年的那把吉他，点亮了半个华语乐坛。

那些当初嘲笑他的人，说不定还在某一个下班的午后，在 KTV 里，点着他那些脍炙人口的歌："哦，多么痛的领悟……"

别人的嘲笑算得了什么？他好不容易发现的爱好，怎么会轻易就此缴械投降？别人可以不懂他的内心，但他自己懂得就好。

梦想不是廉价的物品，想要实现，不付出一番昂贵的代价，是绝对不可能的。

我记得 NBA 篮球明星林书豪，曾在一次节目里演讲过他篮球职业生涯的事。

他说自己的职业生涯并不是那么顺畅。

小的时候，曾遭到过别人的种族歧视，他们叫他"中国小商品"。

他爸妈虽然不惜重金全力培养，让他飞去各地打联赛，但还是听到身边很多质疑的声音，那些声音尤为难听。

最为难过的是，第一年打 NBA，但他们连队服都不发给他。他连续两周被裁员两次，被下放到"小联盟"。

但他依旧隐忍，执着，把汗水与泪水洒给他最热爱的球场。多少次反复的锻炼，最终，他去了他最想去的球队。

他说他花了 20 多年的时间打球，才实现他的梦想，他必须疯狂，必须无懈可击，也必须全力以赴，才能对得起自己奋力拼搏的梦想。

他用坚持不懈四个字，结束了他演讲的主题。那四个字，说得无比坚定。

没被人嘲笑过的梦想，都不能称之为梦想。如果他轻易放弃，不去打篮球，不去参加比赛，他也不会成为篮球界一颗闪闪发光的星星。有些人，他就是为了打球而生的，你又怎么可以去轻易否定别人的梦想。

你呢？你的梦想呢？

是不是脑海里也浮现过很多场景，幻想过成为自己想要成为的人。但还是因为周遭的各种声音，和自己的不够坚定，放弃了。或者在别人的打击下，生生地扛过来了。

只要切合实际的梦想，你能付诸行动就可以达到的梦想，就不要轻易放弃，给自己试试的机会。因为每一个人，都是每天在付出一点点，努力达到自己的愿望的。

你不要太顾忌周遭的声音，你可以把他们当成羡慕自己的人，把他们当成害怕你超越他们的人。他们只是害怕有朝一日你真的实现了自己的梦想，而他们还在原地踏步，他们会无地自容。

我记得很久以前别人对我说："你啊，何不老老实实去找份工作，偏要学什么高尚，看什么书，写什么字。钱赚不到，还能写出什么名堂？"

　　你看，我坚持自己所想。只顾埋头写着，最终还是得到了出版社的肯定。写出了属于自己的书，也拿到了想要的稿费。而她们呢，依旧没有丝毫改变。

　　有时候，你真不必要去太在乎别人的观点，因为你的人生，是由自己去决定的。梦想，也是由自己完成的，不需要别人去代劳什么，你不亏欠任何人，你只亏欠自己的梦想。

　　罗马非一日建成，梦想也不是一天可以完善的。只要活着，一切就有无限可能。

别致的人生

　　人生本没什么两样，但因为每个人的想法不一样，思考不一样，导致过法不一样，于是，人就变成了万般模样。

　　有些人黯淡无光，有些人金光闪闪。有些人30多岁，就活出了自己。有些人60多岁，才活得通透。但不管是在哪个年纪，只有活出了通透，才不枉费自己的人生。

　　那些60岁活出自我的人，奥斯卡影后简·方达算一个。

　　简·方达出生在一个演艺世家，父亲是好莱坞著名影星，所以她从小受父亲耳濡目染的熏陶，后来也走上了演绎之路。

　　她年轻，美丽，有活力，在事业上爆发力十足。生活美好，事业美好，但唯独爱情，不受她自己控制地想要为对方妥协付出。

　　她28岁遇见她人生的挚爱，那个时候的她，他说什么她听什么，毫不违背。她可以为自己钟爱的人，改变自己的发型，他喜欢金发女郎，她便把棕色的头发，染成他喜欢的样子。

　　他看见她爱自己的样子，比别的女人要多一份真诚。于是，他们走进婚姻的殿堂。

但她的改变，她的那些全心全意，依旧没有留住风流成性的丈夫。他的丈夫与别人走得决绝，弃她和腹中孩子于不顾。她在生完第一个孩子后，目送他离开。

那之后她重新把头发染回棕色，把对爱情的缺憾弥补到事业里去，她接拍了电影《花街杀人王》，并一举拿下奥斯卡影后。

在事业里她可以风生水起，但唯独在爱情里，她似乎天生要比别人矮一截。

遇见第二段婚姻，她依然以对方为中心，唯命是从，小心翼翼地讨好。但爱情里不是所有的讨好，都能换来真心相待，不迷失自己才是对自己最好的疼爱。所以她依旧没迎来好结局，与第一段婚姻一样，仍然以失败告终。

但她还是没有放弃那份执着，这样的她，一直持续到第四段婚姻的失败。她64岁那年，才彻底走出沼泽，找回自己。

可能知道自己爱人的方式错了，爱得没有自我的人，容易丢失自我。

那一年，她为自己书写了一本书，记录了她60岁以前的生活，在书里写出她自己的种种，包括她为爱情曾经不顾一切的疯狂。

能直面自己人生的人，总是勇气可嘉的。她说一切只不过是刚开始，她要与过去潇洒告别，迎接自己下一个辉煌。

果真，她不失信于自己，在人生中无数次创造奇迹。

77岁，她担任制片人，专业，认真。

78岁，她拍摄一组性感写真，明媚，不扭捏的洒脱。

80岁，她亮相奥斯卡颁奖典礼，一袭白裙，光芒四射，岁月依然腐蚀不了她的美。她仿佛在宣告世人，这才是光彩夺目的自己。

看见那个时候的她，你会不畏惧年龄本身，你会惊叹岁月对一个人温柔的模样。有时候不得不对她说一句：你不取悦人的样子真好看。

她花了很长的时间才明白，一个人想要活出自我，活得快乐。是绝对不能一味去取悦别人的，因为爱是对等的，任何取悦的爱，都是廉价的。

好在她在经过第四次失败后，彻底觉悟。即便年过 60，但还是没有能阻挡她前行的脚步，去勇敢追求那些让自己错失多年的美好，活出一个高级的自己。

无论你处在哪个人生阶段，要想过出精致的人生，势必要有简·方达一般的勇气与自信。不畏惧年龄的可怕，不畏惧婚姻的折磨，只有一颗无限向前的心。

一个 80 岁的耄耋老人，都能活出如此自信的自己。更何况年轻的你们呢？

如果你刚刚大学毕业，还在为择业而感到困惑，那大可不必，你还年轻，有无限可能，即便去犯错，那也有足够的时间去试错。起码你会在无数次的错误里，找到一个正确的答案，就一个正确答案便以足够。你去无限尝试，总比什么都没做得好。

如果你在 30 岁，结了婚，但不幸又离了婚，还带着一个孩子，你觉得人生无望。那也大可不必，那只不过是人生考验里的一个小插曲。跨过那个坎，你会像简·方达一样，更坚强，更自信。

如果你 40 岁，不幸在事业上遭遇困难，你不要就此对生活感到绝望，也不要呼天抢地。如果你的寿命在 90 岁，那你才过了人生的小一半。你就把自己当做是刚学会走路，随时会摔跤的小孩，重新爬起来。

毕竟，只有成功没有失败的人生，几乎是不可能的，没有人可以永远一帆风顺。只有不断地去尝试，不断地去经历，不断地去失败，才能铸就一番别样的人生。

我们通常为一点小事，就难过不已，萎靡不振。正是因为什么也没有经历过，就被眼前的一点小困难，吓丢了魂。但其实，你经历多了以后，你就会发现那只不过是人生里最微不足道的事情。

有些人在事业里沉沦，有些人在爱情里沉沦。无论何种沉沦，最终都只能靠自我救赎走出绝望的困境，走在岁月里，沐浴阳光。

虽然有时候，我们在一些外界因素不是很好的环境下，容易被被别人影响心情。但柏拉图曾说："决定一个人心情的，不在乎环境，而在于心境。"也就是说不管我们处在哪种环境下，只要端正自己的态度，我们的人生就会变得美好而知足。

人生是自己给自己创造的，就像简·方达一样。你不是电子产品，没有任何人可以操控你，要想过不一样的人生，还得先变成不一样的自己。

重拾人生的激情

大多数的人都只是在机械地活着，机械地做着某件事情。或者说，只是为了完成一些必要完成的任务。

你我也不例外，每天在沉重的房贷、车贷，孩子的学费，人情往来里周旋，日复一日，为生活劳累，变成一个麻木的机器人。

所以，你忙着工作，忙着生活，忙着自己的未来，忙着孩子的未来，人生无任何激情可言。激情在琐碎中，一点点消磨殆尽。

对很多事情，有气无力，提不起兴趣，没有动力。你人到三十，年轻的身体，却有一颗退了休的心，疲乏，没有活力。

本来当初的你，在学校就是过着一成不变的生活，日复一日的功课、作业、考试，每天面对熟知的一切，就是不停地复制粘贴，没有任何新意。本来你以为那种枯燥的日子会随着毕业季结束。

但似乎没有，工作后的你，好像回到了当初学习时的状态。日复一日地工作，累了回家倒头就睡。依旧没有太大形式上的改变。

加上年纪愈增，压力越大，活力与你渐行渐远。你焦虑，迷茫，又麻木。找不到一条崭新的出口，又回不到当初，被卡在中间，极其难受。

所以，你需要一点适当的激情，去重新激活自己。那种激情，并不是指你一定要达到某个兴奋度，而是要你在生活中，找到自己存在的意义。

比如寻找一个兴趣点，去竭力创造自己新鲜的生活。例如和朋友去打一场网球，来一次烧烤趴，或者一次说走就走的旅行。

有些事物只有你不断行动，才能发现它的可爱之处，才能激起你内心对它的热爱。要学会释放压力，如果感到疲乏，感到无趣，要把心思打开，去接受一件别的新生事物。

你可以去试着在某一天下班的夜晚，去听一场音乐会，给自己的心灵补充一点营养。去读书会，与书友热切讨论某本书或书中的人物，表达你内心的看法。

或者去看几场电影，哪怕一部接一部，都无所谓。感受一下影片里的故事，体会一下主人公的心情。去买当季最新的衣服，给自己的视觉增添几分欢喜，让灵魂与身体，一起体会焕然一新的感觉。

虽然这些新鲜感，都是短暂的，但它们相当于是你的能量补充剂，你有必要时不时为你枯燥的生活，注上几针能量剂。这样你才能保持良好的状态，去面对出乎意料的生活和人生。

其实我曾经也有很长一阵子，陷入生活的沼泽中，感觉生活是一条看不见尽头的路，我一直在生活的这头，每日做着一成不变的事。

我每天设定的闹钟在 6 点，刷牙洗脸吃早餐，乘公交车去上班，开始一天工作。下午六点准时下班，到家小憩、外卖、收拾洗漱，阅读，上床睡觉，结束一天。从生命的长短簿里，划掉一天。

枯燥，麻木随之而来，没有所谓的小目标，没有所谓的大计划。只有眼前的房租、水电、网费，腐蚀着我白天的 16 个小时。

　　这种日子持续了半年之久，直到一个朋友的出现。朋友是个活泼的人，身体的每个细胞都透露着一种活跃，她里里外外处处透着一种不会枯竭的"激情感"。

　　她带我出席各种活动，听演讲课程、做运动、爬山、去寺庙、做义工等等，只要有她在的地方，必有我。

　　渐渐的，在她的带领下，我仿佛触到了生命的另一个开关，整片世界都是亮的，看得见的。

　　那时才发现，生活其实可以有很多乐趣，我所处的只是生活十分之一的边界里，其余的都在边界以外。

　　如果整日把自己关闭在一小扇窗里，自然发现不了外面的精彩。一切会变得死气沉沉，麻木不仁。

　　所以你需要一点点勇气，去为自己的生活开创另一番天地。有人说，要什么激情，生活本平淡。生活是平淡，但也不是毫无激情。激情是激起你自己内心对某些欲望的幻想，例如你想要一个笔记本，但没有激情，你就不会为你的笔记本而去努力。

　　激情同样是源于你对自己的一种肯定，只有对自己的一切充满自信，你必定对任何事物都会激发一种好奇心，导致你不停地去探索，去前进。

　　我身边的一个朋友也是无论工作压力有多大，生活有多忙，必定会抽出一些时间，做自己想做的事情，他说不想让那些琐碎、麻痹着自己的神经。所以我经常可以在他的动态里，看到他参加各种活动的踪影。

　　其实除了探索新鲜事物寻找激情外，还可以在陈旧事物中，寻找新鲜感。例如在自己做的某一项事情里，不断地去重复，去完善，去精进。当看到满意的结果后，会有一种很大的成就感，那种成就感会促使你去做更多的事情，也会令你制定更高的目标。

当然，除了生活以外，爱情也一样。两个人相处久了，自然要面对的就是生活无趣。如果两个人愿意花时间提升自己，想必未来会有更多的美好等着他们。相反，如果两个人每天的交流，仅限于背对背的玩游戏。那自然是缺乏生趣。

恋爱的激情，需要两个人共同铸就。例如你可以多读一本书，跟对方讲书里的人物，书里的故事，把作者的想法与自己的想法，讲给对方听。

你每天读不同类型的书，想必对方永远也读不完你，这样于恋人来说，你永远都是"新鲜"的。这样来说，那每一天也是崭新的。

所以无论是生活还是恋情，多一点激情的投入，生活才不会如一潭死水般那么枯燥。不然有限的生命，注定浪费在有限的时间里，一无所乐，一无所获。

留下精彩的回忆

2013 年夏季，我在豆瓣上发表一篇旅游征帖，大意是寻一位一起搭伴去云南的驴友。一直以来我都很想去云南，体验一下那种原始的自在，碍于没找到合适的契机，终于在 2013 年下半年新工作开始前夕，找到了合适的机会。因为第一次发征帖，所以那次的征帖，我写得极其认真。

没想到信件很快得到回复，可能是诚意使然，对方是一个 84 年的男生，叫马仔。他的出发和归程日期基本和我一致，于是一拍即合。他说他在广州出发，与我在昆明汇合。

临行前，我准备了一个很大的行李箱，把半个月的衣服都整齐地叠在里面，惯例，放了两本书，在箱子里侧，还放了一张幸运卡，那是我多年出门的习惯。

一下火车，就给马仔发了消息，他到得比我早，他在一个靠角落的小卖部等我。黝黑的脸，瘦削的身材，那是我对马仔的第一印象。他冲我微微一笑，很自然地替我接过行李。

其实那是我第一次跟驴友一同前行，以前听很多朋友说过类似的话，说同驴友出游不安全，要当心之类的。但我没在意太多，因为实在想给青春留下一次不一样的回忆，所以不能万事都走寻常路线。

当然，我也是有准备的，例如在出发前与他的交流，都是小心谨慎的，谨慎的同时，也没忘了必要的试探，多方面原因，让我觉得他合格。自己便在心里定下，这次的游伴就是他了。

我们没有在昆明歇脚，当天便买了去大理的票，在车上订了一家靠近洱海的民宿，准备妥当后，打算驱散下劳累，短暂的休息一下。一路上我都在半睡半醒间徘徊，马仔比我要兴奋，没有太多疲惫感。他不停地按下脖子上的相机按钮，捕捉路边的风景。

看他那么自在，我索性睁开双眼与他闲聊，多一个人自然多一份不同的乐趣。5个小时的车程，大概把他了解了一番：他是江西人，在广州一所中学任教，每年利用寒暑假的时间，都会出去游玩一次，那个相机，他说陪伴了他很多旅程。

下了车，前往事先订好的酒店，我住楼上，他住楼下。酒店被众多木屋紧紧夹在中间，边上的小道，用绿草铺垫。站在房间的窗户边上，能把洱海看得一清二楚，那些透明与绿色，尽收眼底。

一路上，都是马仔在制定行程，因为他经常旅行，经验比我丰富。

他的行程里，有香格里拉、丽江、泸沽湖、里格岛，这些也正是我想去的地方。有阳光，有大海，有绿地，还有青春。

第一天选择在洱海边骑行，租了两辆山地车，总计60块钱一天，无论是从代步还是运动上来说，都很划算。

那是一种从未有过的放松感，绕着海，头顶白云，在长长的公路上骑行，两条腿用力向前蹬，所有的压力，似乎在蹬车的刹那里，全溜掉了。

　　那些工作上的琐碎，生活上的琐碎，在那条公路上，是看不见的。

　　骑行去天龙八部影视城，回来时下了一场大暴雨，加上路上同行进来的女生，三个人，艰难地推着车在暴雨里前行，还不忘嬉戏猖狂，在暴雨里，笑得分不清是泪是雨。

　　三人顶着暴雨，回了酒店，雨停了之后，跟她挥手告别。

　　在大理待了几天，去香格里拉走了一走。在第四天早晨启程去丽江，又是一路颠簸，不过好在还有马仔助乐，他总是有很多说不完的话。

　　以前总是在民谣里听着丽江，感受丽江的情怀。到了丽江与它深情拥抱后，还是那种亲耳听的不如亲眼见的好，去了《一米阳光》的拍摄点，隔着时空，抚摸着那张木门，时光变得莫名的安静。

　　都说丽江是一座可以随时艳遇的小城，我跟马仔决定去酒吧坐坐，我说陪他试试运气，他腼腆地笑了一笑。

　　于是我们去了一家"我在丽江等你"的酒吧，点了两杯鸡尾酒，马仔开心多喝了几杯，借着酒意，他跟店家借来一把吉他，弹唱了一首《当你老了》：多少人曾爱你青春欢畅的时辰／爱慕你的美丽假意或真心／只有一个人还爱你虔诚的灵魂／爱你苍老的脸上的皱纹／当我老了眼眉低垂／灯火昏黄不定／风吹过来你的消息／这就是我心里的歌……

　　借着月光，他低沉的嗓音，倒是有那么几分味道。后来我打趣他，马仔你肯定招很多女生喜欢。

　　记得那晚的酒，很烈，那晚的星空，很闪烁，那晚的人，很动人。

　　有些青春是明媚的，有些青春是忧伤的。

　　去泸沽湖是第七天，从丽江出发大概是 7 个小时的车程，那时的路，比较颠簸，路几乎埋在山间里，一层层的绕。

到泸沽湖是晚上 9 点，天未黑透。酒店是一个湖南老乡开的，友情价，一晚少收了我们 50 块钱。酒店很别致，有落地窗，拉开窗帘就可以看到与酒店平行的湖。

白天的颠簸，让我们舒适地睡了一宿。第二天如往常一样，租了两辆山地车，这次与上次不同。我们在骑去里格岛的路上，遇见了一个西班牙女生，叫 Bella，她一个人，于是很自然地加入我们的队伍。

马仔英语比我好，一路上几乎都是马仔在聊，我偶尔也会说几句简单的话，更多的都是以微笑示意。Bella 似乎很爱笑，也很友好，看得出来，她热爱中国的一切。不厌其烦地一遍遍跟着我们学中文，喜爱中国食物，能吃辣，喜欢沐浴灿烂的阳光。

聊天得知 Bella 其实出生在西班牙的一个贵族家庭，但她丝毫没有"大小姐"的脾气，她可以跟外国友人，同住一间 40 块钱的旅店。她喜欢独自旅行，会每年定期出去。

那几天，Bella 都跟我们在一起，有时候熟了会开玩笑，会问她喜不喜欢马仔那样的男生，她大笑，她说马仔长得太可爱了，她喜欢健硕的。于是又一次爆笑。

我人生第一次在野外换衣服，也就是在泸沽湖那次，里格岛边上有个偏僻的小湖，湖边没人。Bella 提议下水游泳，因为没地方换衣服，只得把身子埋藏在草地里。那次游得很尽兴，虽然紫外线强烈，但上了岸的身子还是忍不住暴露在阳光底下，我跟 Bella 尽情地贪婪着每一寸阳光。

泸沽湖的景色，泸沽湖的山水，无可复制。每一片湖，每一片天空，每一寸土地，都太彻底，没有任何杂质，那种美，可以浸到骨子里。

Bella 说如果可以，她想每年来一次这里，让不同年龄的自己，都来看看不一样的这里。

其实人生啊，有时候总是事与愿违，但愿 Bella 真的可以实现她的所想。

一路上，我们会见到不同的人，他们很多是背包客，背着沉重的行李，戴一副墨镜，即便脸已被紫外线毒辣的通红，也没有任何物品遮盖。

浅一点的遇见，就是一个微笑，一句友好的问候。深一点的遇见，会天南地北地聊一聊，见识，经历，再以一个拥抱结束。

开心的时光总是飞快，十几天的旅程即将接近尾声。Bella 跟我们一起坐车回了昆明，她搭最早的一班机回西班牙，临别前，给我跟马仔都留下了电子邮箱，她说要记得给她发邮件，去西班牙找她玩。末了，她用中文跟我们说谢谢，我分明能看见她眼里藏着的泪花。

可别离，终究是别离，无论是无奈还是不忍，都无可避免地要面对。时间再长，我们也都注定要回到各自的地方。

跟 Bell 道完再见，跟马仔也即将面临着分别。那些温煦的阳光、透明的白云、清澈的湖海、骑过的公路、爬过的山坡、淋过的大雨、喝过的烈酒、听过的民谣，皆成了照片里定格的风景。

昆明机场里，我跟马仔占据着一个小角落，静悄悄的。本来坐着的马仔，忽然走过来跟我说："我可以抱一抱你吗，就当是别离的拥抱。"对这个拥抱，我没有太多的意外，我轻轻地抱住他，能依稀听见他的心跳……

他帮我托运完行李，把我送到安检的地方，转身离开时，我叫住了他，把我那张随身携带的幸运卡送给了他，附上了一行小字：珍重，一路平安。

　　他离开的时候，我没有再回过头目送他，如同他一样，我们都知道，深深浅浅，那只是一段可以用来回忆的青春。如同，海鸥飞过天际，不会再回头，但彼此都会记得。

拥有坚持的勇气

如果说选择需要勇气，那么坚持更需要勇气，选择一件事是根，坚持是源，密不可分。

无论做任何事情，首先一定离不开自律，然后则是坚持，再者是勇气。选择一件事情，自律与坚持很重要。

记得好友当初考研，被心仪的大学录取时，兴奋得无以言表。因为她的情况特殊，不像刚刚毕业的大学生，可以直接决定继续考研，或是参加工作。

她因为长期熬夜，引起并发症，在毕业那年检查出肾炎。本来想考研的事情也只能被搁置在一旁，调整身体，积极治疗。但考研的计划一直在她脑海里盘旋，挥之不去。家人担心她的身体，不想让她再费苦力，让她放弃。说只要找一份简简单单的工作就行，无需她赚太多钱。

但好友属于"油盐不进"的那种，一旦自己决定的事情，一定要做完。包括她以前做一件事情，也是一样，永远秉着有始有终的态度。

她给家人做思想工作，说她可以。她给自己做思想工作，说她可以。

家人拗不过她，只得在照顾她之余，让她放松心态学习下去，考不考的上是其次，身体重要。那一阵子，药物是治愈她身体的良药，书籍是治愈她精神的良药。

床上，桌上皆是她看书学习的阵地，她不能过于劳累，只能适当挤出时间复习，分秒皆用上。

她无疑是不幸中的万幸，不幸的是病痛，她不能过度用力，不能熬夜太晚。幸运的是，在自己的坚持下，得到了家人的支持。

她一门课程不落的进行复习，包括公共课，也尤为重视。知道自己的短处是英语，便把英语题的阅读文章，整篇全部进行背诵。

多少次坚持不下去的时候，都会想一下自己坚持的初衷，如果万事都那么容易，也就不会有那些少数的优秀人。她要做那少数人之一，必定要坚持自己的信念。

成功的路，自然不会拒绝那些心怀真诚的人。好友奋战无数个日夜，终于考上自己心仪的学府，选择了心仪的专业。

如果不够自律，如果不够坚持，她自然也不会考进理想的学府。她说全靠自己内心的毅力，苦苦支撑她。

考研的路，没那么难，也没那么容易，心酸，只有真正在其中的人，才能体会得到。

人都会经常自我怀疑，自我怀疑中难免产生放弃的心理。其实别人的成功，只是因为比你多了那么一份坚持，当你想要放弃的时候，别人还在坚持，这就是别人的成功与你的失败之间最大的区别。

很多时候，你会产生一种心有余而力不足的感觉，复杂的心尽被悲观厌世笼罩。无论做着哪件事情，做到一半累了，放弃转身就走。

完全不顾你之前付出了多少心血，要知道，你的放弃，也代表着你之前的努力全都白费。于时间，于自己，都是极不划算的。

但是人在疲惫的状况下，容易给自己找各种借口。例如上到一半的健身课，因为外面的风雨天气，产生不去的念头，并安慰自己，下次吧。但等真到下一次，你又找出别的借口来搪塞你的这次行动，我这次又有了别的事情，再下次吧……

凡事有了开头，就会陷入无尽的死循环。要想坚持下去，就不要允许自己打开先例。只要有了第一次，就会有无数个第一次。

我一个表妹，大一。因为体胖，想要减肥到自己满意的体重。报了健身班，也每天早晨跟室友相约晨跑。

坚持了一个月，有些效果，腰围明显瘦了一点，站上秤，果然被运动勒掉了几斤肉。

但之后的时间，她便找各种理由不去了，撂下了室友，撇下了教练。自己逍遥自在去了，她说她瘦了几斤，可以在放肆一阵，接着锻炼。室友哭笑不得。

既然坚持，就要一路坚持，反反复复，不但效果不佳，还会滋生懒惰的心理，就好比学英语，一日不学，就会忘记很多词汇。只有持之以恒，才能达到自己想要的效果。

无论事件大小，坚持都是至关重要的。伏尔泰曾说："要在这个世界上获得成功，就必须坚持到底——剑至死都不能离手。"

所有的成功都少不了坚持的勇气与毅力，那些决绝的坚持，成全了一个个想要成功的人。

例如美国影星史泰龙。

想必很多人都知道他的艰难史，他几乎是"坚持界里的鼻祖"。未成名前，写出一本剧本，想要卖出去，剧本有人接收，但因为其中一条缘由，导致大家纷纷拒绝了他：必须由他来主演自己的电影。所以他几乎吃尽了闭门羹，因为他长相不出众，被所有人否决。

但他没有放弃，他一次次推销，一次次被拒绝，连续遭拒1855次。

可能换做别人，遭拒三次就回头了，但他没有，连续遭拒1800多次都没有回头，终于在1855次的时候，他的恒心感动了其中一个导演，答应让他出演男主角。

但导演说要把他的电影改成连续剧，并且还有一个苛刻的要求，那就是只让他先出演一集，效果好另说，效果不好立刻走人。

要知道，他那1800多次遭拒每一次都是口传相授的经验，那几年，他做足了准备。

所以演出的那一集，他一举创下了全美最高收视率的记录，名声大噪，机会与荣誉也接踵而来。因为他的不放弃，所以他从一个默默无闻的人，变成了被人崇拜的巨星。

试问，你能受得住那么多次打击吗？那些不堪的言辞，那些不看好的眼神，都能一一受得住吗？

他受得住，所以他成功了。因为他的内心有一种声音，那就是他必须成功，他没有回头路。

如果我们都给自己一份坚持的理由，或许能离成功更近一点。

人生路上，有多少坚持，才会有多少成果。让自己养成一种好的习惯，在习惯中成长。

世界上，从来不缺有梦想的人，缺的就是一颗能坚持的心。梦想昂贵，坚持同样昂贵，只有足够的真诚，和付诸的实际，才能换得那一份无可替换的昂贵。

你要把自己当成《西游记》的唐僧，无论前方多少腥风血雨，无论妖魔鬼怪么么作乱，即便多次死到临头，即便热血与尊严一次次被践踏，但还是坚持取得真经。

因为这个世界，像极了《西游记》里的桥段，处处艰难，在你前行的路上，会出现各种扰乱你心思的鬼怪，让你滋生邪恶的念头，让你放弃前行的道路。你要与各路妖魔做斗争，要与恶劣的外界因素做抵抗，处处有陷阱，处处被设计。

唯有靠自己的勇气与坚持，奋战到底。放弃，即失败。前行，即成功。没有轻松，没有捷径，即便有万般法力，也不能助他们一臂之力。只得用双脚与真诚，走向那座日夜思盼的大殿，取得真经。

不管你曾经意志多么消沉，也不管你多么颓废，你要重拾一份激情斗志，毕竟你还年轻，毕竟你的人生还有无限可能。

黑暗不会一直存在，一直存在的是自己的心魔，只有自己动手来驱赶它，与它做长期的斗争，才能赢回你想要的一切。你要直面内心的恐惧，挑战它，战胜它。

不管在你成长的路上，走得有多慢，只要你不放弃，就会有结果。

丰厚的阅历是练出来的

阅历这种东西，它是急不来的。一定要你亲身去经历，才会在你身上长出来。如同你的皱纹，你年纪大一岁，它才会长一轮。

所以，面对困扰，你不要着急，你不要总急着问别人，你刚毕业，一无所知，眼光，想法都不够远，你该怎么办的这种问题。

自然，你要去经历，无惧一切地去经历，才能收获答案。你当下必要做的事情，就是积极工作，参加工作外的各种活动，见不同的人，走不同的路，对那些陌生的东西，要大胆求知，不要心生畏惧。

路是走出来的，阅历也是练出来的，没有一个人可以不去经历任何，就能收获一切。

记得高中时期的一位同学，曾对我说过她的过往，她那些不安分的职场经历。

刚毕业时，她在家人的安排下，顺利进入了一家不错的公司工作。初出茅庐，在职场上没有丝毫经验，这些原本微不足道。

但重要的是，她没有一颗安定的心，工作不按时完成，还一副很散漫的态度。

因为工作的问题，她不止一次和领导争得面红耳赤。和同事也曾因为很多鸡毛蒜皮的小事，僵持不休。为此她经常抱怨，却从未为此反思过自身的问题。问题像滚雪球般，越滚越大。半年后，终于，领导对她失去了耐心，炒了她的鱿鱼。

同一个问题，一而再再而三的犯，那不是不长记性，是愚蠢。她秉着一样的态度，去到第二家公司，除了一身吵架的本事，依旧无功而返，什么也没有学到。

相反，那些跟她同一批进公司的人，已然学会了一身的本领。只有她还无辜地以为自己还在学校象牙塔。

后来，由于经验匮乏，不能胜任求职的岗位，很多公司都婉拒了她。在面试时，几乎所有的公司，都会问她同一个问题：请问你为什么从上家公司离职？对于这个问题，她总是支支吾吾，就算随便说个理由，字里行间也暴露出她的底气不足。

面对找不到工作的窘境，她才生出一丝懊恼和悔悟之心，陷入深深的失落与自责中。

后来在一次师生宴上，老师的一番话点醒了她："善良待人，认真待事，凡事都从自己身上找原因。经验是自己努力得来的，不是你投身入了社会，就顺其自然有的。经验是要勤勤恳恳在自己的工作中，和不断总结中，慢慢摸索出来的。"

回家后，她花了半个月的时间闭门思过，认真回想并梳理了自己在过去半年工作中，曾经不被领导和同事所待见的情景，并从中找到了自己做法的不足之处。

现在的她，一改从前的旧习，入职新公司一年，虽然工作算不上是一帆风顺，但与往前相比，她显然已经脱胎换骨，周身散发着成熟的气息。

她说，她很感谢曾经那个桀骜不驯的自己，让她有所领悟，好的也好，坏的也罢，都是曾经的经历，让她成长，让她进步。

事实就是如此，只有经历多了，你才会有所成长，才会惊喜自己的成长。在履历中收获阅历，同等重要。

我还有一个朋友，他是那种属于给自己创造经历的人。他很喜欢户外运动，逮到周末，就会去参加户外活动，乐此不疲。

由于户外经验丰富，很多新加入的人，会主动请求跟他一组，渐渐地，他的朋友多了起来，各行各业的。因为他自己热衷于帮助别人，受到他帮助的人自然不少。别人向他请教户外问题，他不懂的，也会去咨询那些户外的朋友。久而久之，受益匪浅。

在行动中感受自我，在过程中收获美好，惊喜就会一点点出现在你眼前。

所以，任何地方，只要你行动，都会收获到经历，哪怕是一次小小的户外运动。

你也可以利用你工作之余，去做任何事情，去结交朋友，去读书，去发现自己的爱好，或者去旅行。

你总会收获到不一样的惊喜，拿旅行来说，你可以不断地去发现新事物，见不同的人，探索不同的风土民情。

拿我来说，去年我去了一趟美国，为了深层次摸索，没有报团，自己一个人，拎个行李箱，买张机票说走就走了。

未知的事物，一切都是新鲜的，一路我都表现出强烈的探索欲，哪怕看着飞机上的每个人，我都很好奇他们背后的故事，或者去美的目的。

好在坐我身边的人，很友好，很主动的和我聊天，他是个英国人。即便我的口语很一般，但我还是调动脑袋里的所有词汇，与他展开了一场磕磕巴巴的对话。

我在半听半落里，知道了一些关于他的事情，他在中国旅行了很长时间，去了中国很多个城市，对中国留下了很好的印象。这次去美国看他的表妹，顺便游玩一下。他有妻子和一个可爱的女儿，长居伦敦。

因为词汇量有限，有些表达不出，或者听不懂的句子，我不得不拿出手比划，我听不懂的时候，他也会比划。整个过程，倒像一部温馨的带点声音的哑剧。

14 个小时的飞行时间，因为跟他的聊天，降低了一些无趣的成分。他幽默，会用一些很绅士的方式，来搞怪，不会让你觉得唐突和粗鲁。

临下飞机，留了彼此的联系方式。分别时，他冲我笑："说不定路上还能再碰见哦。"其实，我知道或许很难再会面，但旅途中有个愉快的小插曲，也是美好的。

在美国停留两个月，我与谁都聊，毫不吝啬语言，路上的行人、饭店服务员、酒吧老板、流浪汉、超市收银员、旅客……但凡我遇见的，我都会天南地北的去聊。

他们会告诉我美国的文化，包括一些小细节，也会带我融入美国人当地的生活，他们大多友善，真诚。

我给他们粗浅的讲中国的历史，讨论美食，也会说起自己的感情，总之无所不谈。

他们了解我故事的同时，我也收获了他们的故事，更收获到很多的朋友。那段时间，我的英语突飞猛进。临出发还磕磕巴巴，临走前，意想不到地顺畅。

想必，那都是旅行给我带来的收获。一草一木，一人一物，我都看在眼里，记在心里。

那段时间，认识了 21 位朋友，旅途的路上阅读完 5 本书籍，心里尽是满足。

有时候出行，能给自己的生命增添很多色彩，因为永远有些意想不到的东西，在前方等待你的来临。

所以很多时候，只有放开手脚，去经历才知道。

就像阅历，也要不断地去经历，去积累，才能在你人生的某个节点爆发出光芒。它是所有细微的事情积累在一起的，你经历越多，生命层度会越深，幸福感自然也越强。

宝贵的信仰是内心一束光芒

何为信仰？信仰二字，你问一万个人，便会得到一万种解读方式，每个人的思想不一，自然答案不同。

著名的文学大师托尔斯泰认为：信仰是人存在的基本范畴。这不是人的表现之一，不是他的一种能力，而是人的最实质的基础。只有作为信仰的存在物，人才能显现出自己的理性实质。

而在英国资深剧作家乔伊斯撰写的《一个人的朝圣》里，主人公把一段路程做为信仰，臆想借此完成对一个生命的救赎，而他冲动地做出决定后，途中又找各种理由放弃。

故事的开端，就是一个人沉浸在自我否定和肯定的过程中，他觉得自己是不行的，无论身体还是心理。可他潜意识里也许并不想放弃，所以途中的每一件事都会为他的心理暗示进行过度解读，才有那么多因缘际会的事情发生，为他找到了坚持下去的理由，而驱使他坚持下去的信念，也有了新的意义，这场旅程颠覆了他以往的生活，抛弃了那些麻木的，机械的，按部就班的生活。

他只有一个终极信念，那就是只要他走，他的好友就能活下来。

他不再单单为了救赎别人，更为了救赎自己，他走的每一步都充斥着美好的幻想，他坚定地认为他走的每一步都充满希望，而这条路的终点是否能如他所愿，似乎都不再重要。

走的路越多就会渐渐明白，每个人大致的信仰从来都是形相似而类不同，而信仰就是一个人的精神中心，没有信仰的人会对这个社会上大多准则置若罔闻，换言之如果做坏事不会被发现，甚至于说做坏事没有代价，又有多少人能够保守本心，而他们保守本心的基础又是什么？

其实信仰是内心的一束光，如果你坚定，它会引领你前行。

而每次我们在做错事的时候，都会被人发现吗？未必。可真的就没有一个人知道吗？不，至少你自己是知道的。

这就是所谓的骗别人很容易，骗自己很难。在其他一切外界因素不能制约你的时候，没有任何准则来判定是非对错的时候，怕是只有你的信仰会提醒你。

因为信仰包含了你的世界观、价值观、人生观。如果不行，不能，不可以，属于强制约束，恐怕不该，才颇具信仰的意味，这件事该不该这么做？如果不这么做会怎样？

曾经的我也对一个人这样说过，"你不该管这个闲事。"

那是来自好友见义勇为几天后的致电，好友曾在一次事故里，勇敢地救助了一个无辜人，但离开前，强势方的眼神强有力地撇了她一眼。

事隔几天，她的车窗被硬物击碎，前挡风玻璃碎成了蜘蛛网状，车身布满划痕，即便未能亲临现场，亦能想像当时惨状。电话里她无助又彷徨，她知道很有可能是见义勇为之后的报复。而我反复诚邀她来我家暂避风头，都被她严词拒绝。

她清楚地知道，这是在她遵从内心选择后所要承担的后果，在一场众人围观的械斗中，受害方苦于周边没有监控设施而要被反咬一口，只有她知道最真实的内情。警察询问四周也无人愿意出来做证，最后是她迎着施暴者恶意的目光道出原委，并同意为受害者做证。

显而易见，这是此次事件的代价，却不知代价是不是到此这止，所以，我觉得不该去管这件事情。

而面对我的总结陈词，她也表示认同，却也深刻剖析了自己的内心："确实，这件事给我造成了极大的困扰，可当时面对那个人求助无门的时候，我的内心不曾给我选择的机会，说出来固然要承担风险，可离开也未必会轻松。因为你只知害怕恐惧是一种心理负担，可还有一种心理负担你一定没尝试过，那就是愧疚。"

当天有一人选择站出来她都可以转身就走，然而，在没有人愿意出头的时候，她又清楚的知道自己做不到视若无睹，她并非没有畏惧，相反，她顾虑良多，可每个人都有自己的处世原则，都有自己固执的坚守。

而这，就是萧伯纳所言的，一个人的信仰或许可以被查明，但不是在他的信条中，而是从他惯常行为所遵循的原则中。

简而言之信仰是人生的动力，一个有信仰的人，他才会有斗志；一个有信仰的人，他才会过得充实；一个有信仰的人，他才不会在诱惑面前迷失自己；一个有信仰的人，他才会懂得，尽自己的所能，实现心中的梦想，帮助别人，快乐自己。

《海上钢琴师》里那艘能含载2000人的船，就是1900的信仰，那里承载着他对钢琴的热爱与梦想，也是他一生有所依靠的地方。

《阿甘正传》里，在陆地无限奔跑与待人真诚，是阿甘的信仰。他获得的那些鲜花与掌声，正是他内心那盏光明的灯所引领的。

《十二怒汉》里，直面自己的内心，无愧于人，卸下自己内心沉重的包袱，是十二位职业不一的人的信仰。

信仰各不同，它是生于无形的，需要你自己去"捕捉"它。当一切经历过后，你会发现它安安静静在那里，等待你去追寻它。

所以你有必要记住，"当你没有信仰时，你要相信你自己"。某些时候，你的内心所想象的东西，如果是坚定的，矢志不移的，那它也即是信仰本身。

五　致我们生命中的真爱

　　话语里包藏着真心，一句话也带有体温，所以哪怕是一句话，在这冷酷的世界中，能让人维持生存的体温活下去的，不是了不起的名言，也不是有学识的一语中的，而是你有体温的、温暖的一句话。

——《请回答 1988》

当热情褪去，才是真实的你

当一件事情刚开始的时候，你感觉到的全是新鲜，新鲜的事物，是很容易令人着迷的，你渐渐对它生起了热爱之心。当热情的劲头正往身上各处的血液膨胀的时候，你却发现这件事情，也不过如此。于是开始处在血液冷却的状态，凝固，麻木，你也渐渐变得迷茫，想着要不要重新考虑，喜欢的这件事情，到底是不是自己的初衷。

因为我们热情的时间是有限的，投入的精力是有限的，而我们要求索取的结果是迅速的，所以像是商量好的那样，一件事情只要接收不到满意的答案，就要抽身撤出来。

这就是为什么生活中总有些人无论面对的什么事，一开始一定是热情澎湃的，主动积极的，最后总是以冷漠的态度收场的。

就比如我的学妹。

学妹一路走来，成绩都很优异，也熬过了最难过的高中三年，凭借自己的努力，考上了某985重点大学，一度成为"别人家的孩子"。

她对大学的生活，更是心生向往，高考暑假期间，对自己的未来，在脑海里构满了蓝图。她充满了信心，也充满了力量。她告诉自己，到了大学，也不能懈怠自己的学习，也要把高考时期的奋斗劲儿拿出来。

到了大学，她也如她自己所说的，凡事积极，主动当选班干部，参加各种社团活动，不缺席一场课，课后复习，课前预习。

但这似乎像一场生活的"阴谋"，没过多久，她就变得有所不同，力量就像一只破了的气球，一点点在泄气，直到某一天泄瘪了，她再也不动弹了。躺在床上玩手机，看肥皂剧，打游戏，做什么都提不起劲儿。

原来自己的小兴趣完全丢掉了，像是变了一个人，从以前的三好学生，变成什么也不想学的学生。

她说大学生活也不过如此，当她习惯了日复一日的模式，有的只有厌烦，当新鲜感逐渐远去，她的热情也就逐渐远去。

其实她也知道，她就是懒惰，因为犯懒，找出了各样的借口。她的勤奋只设立在她的新鲜感上。新鲜感一过，精心伪装的假面，轰然撕裂。

如果一个人的斗志，只建立在所谓的热情上，那它是立不稳的，它一定是要能经过强大考验的。

她因为热情，向往一件事物，积极投入，再到后来麻木。她不想动，不想积极，但她同时也害怕自己的前程，会因为自己的消沉，而渐渐被摧毁掉，三年用意志力好不容易建立起来的城堡，因为自己的无法集中的精神，毁于一旦。

她陷入迷茫，陷入一种万劫不复的境地，然后郁郁寡欢。

她懒得跟父母交流，懒得跟老师交流，也懒得跟同学交流，甚至懒得跟自己交流。

其实人最应该跟自己对话的，拷问自己的内心，这件事情是不是我想要的结果，真诚地问一遍，内心是会给你回答的。

安静的时候，最能看见真实的自己。人如果给予自己一点时间，在无人的白日，或者寂静的夜晚，告诉自己，你到底想要什么，应该如何去做。

学妹的种种提不起兴趣，说到底，就是懒惰罢了，失去了目标感，也懒得再为自己寻一处目标，继续去奋斗。

如果继续任由自己颓废下去，那好结局一定不会属于她。

其实所谓的热情，就是你能看到的完美结局。一旦看不到任何希望，还要在枯燥的日子一往前行的时候，你很容易产生懒惰的心理，热情在你心里自然一去不复，你很容易把它践踏，丢弃。

很多人都跟学妹一样，一开始信誓旦旦，执着一件事，热爱一件事。但因为不够信任自己的决心和自己坚持的毅力，当自己的耐心渐渐跟不上自己的脚步，热情就被自己轻而易举的摧毁。

大学四年打下什么样的基础，对步入社会与工作至关重要。奋力考上一所重点大学，也不能因为新鲜感的荡然无存，而厌倦自己的整个未来。

学妹必定要为自己设定一个小目标，并信任自己可以完成，一点点把当初的激情重拾回来，她才能给过去和未来的自己，交上一张完美的答卷，才能对得起当初那么用功的自己。

当热情渐渐消退，你要不停地质问自己的初心，你坚持这件事情的目的是为何。如果做任何事情，都只依照自己的热情去做，那必定做不长久。

就像一对恋人，当激情消退的时候，剩下的就是亲情与责任。你也一样，当热情消退，剩下的就是自己的初心。

好在后来她意识到，长时间懒惰下去只会害了自己。她在深夜会回想高考时的自己，回想自己奋斗过的每一个夜晚，回想自己努力做过的那些题。直到一点点把当初丢失的热情，一点点捡起来，慢慢找回那个曾经热切的自己，再次积极投身到她所要面临的事情上。

所以凡事不要太贪图热情，不给你带来的那份立竿见影的效果，那多半都是考验你真心的。你要经受住烈火一般的考验，经受住时间的磨人，才能得到你最后想要的结果，你要知道你坚持的意义和本心。

试想，如果你做过的所有事情，你都只以热情投入，里面没有冷静客观的成分在里，那你所有的计划都会夭折。

你喜欢的一个人，从陌生到熟悉，生趣，再到无趣。没有激情，你的热情渐渐消退，最后导致一份感情无疾而终。你关起房门，对着镜子，看看自己的脸，质问自己的心，真丑陋，原来，这才是你真实的本性。

你继续投入下一段感情，又以当初的原因结束，冷却收场。你渐渐寻找原因，多次与自己对话。发现，只有经历过热情，经历过平淡，你才能收获一份真挚的感情。

你会计课的第二十天，高涨的情绪渐渐消退，环境待久了，题目看腻也渐渐艰难，你的动力消沉，开始疲乏。你想选择安逸，但你知道选择安逸，会计证就拿不到，会计知识也会落空，想要当老板就必须懂会计知识。你想了想你最初的决定，还是咬着牙坚持了下去。

无论做什么，当你的热情投入的时候，一定要跟随着你的坚持与耐力，光一个热情的壳，不够坚定沉稳，不足以支撑你的全盘。当热情冷却，起码还有坚持与执着。

所以，当你的热，一点点变凉的时候，你要敢于揭开自己的外皮，让你看见最真实的自己。告诉你那颗被包裹的心，它到底想要的是什么。

但愿热情褪去，也不要全是冷漠，你的温情，要把你的灵魂重新安置在身体上。

感性的大脑，会让我们看不透

什么是感性，什么又是理性？它们其实是来自你心底两种声音，一种告诉你这个可以做，可以买，是对你提出的想法都表示赞同，是欲望。另一种则替你分析，这件事能不能做，后果是什么，它通常来否决你的某些欲望。

比如，你看中一个限量包包，感性告诉你，它很美，很衬你。但理性告诉你，若是买了，可能接下来的三个月，都要勒紧裤腰带过日子。

在画展上看到一幅心仪的画，感性告诉你，可以买来收藏，但理性告诉你，买了画，这个月的房贷就没了着落。

在手机店里看到期盼已久的手机出售了，感性告诉你，快买吧，你已经等了那么长时间。但理性告诉你，买了就意味着你要在 12 个月的时间里，成为信用卡的奴隶。

其实，你也可以把理性看成比较现实与务实的一面，它随时使你的脑子保持一种清醒的状态。你可以把感性看成过于欠缺考虑，只在乎当下感受，不在乎未来后果。

两者一般考虑不同，后果则不同。

我有一个同事 A，就是那种比较感性的人，有一种"随心所欲"的性格。通常不计较后果，有些意气用事。

当天发完薪水，只要他的朋友一哄闹，他就会把薪水的五分之四点五都拿出来消耗，他会听朋友们的话：钱有什么好留的，单身一个，又不用给女友花，还不如跟我们痛痛快快热闹一场，你看我们兄弟几个里，哪有存款的。

于是他不顾后果的，把他劳动辛苦得来的钱财，挥霍在 KTV 里，烧烤摊里，足浴店里。最后还剩小部分，便打车回去。

第二天他才会想起，过两天是信用卡缴费日，过五天是房租日，过七天是妈妈的生日，然后他就借钱度日。工作几年，身无分文。

这样的窘迫完全是他自己造成的，其实，他有的层面来说是过于感性，爱朋友，珍惜朋友。但挑白来说，他的大脑是没有顾及后果的，思考层面太浅。有一种"今宵有酒今宵醉"的感觉，对未来没有规划感，这样的人，常常不能很好的管控自己。

理性的人，会早早做好自己财物支出的计划，不会让自己沦落到那种尴尬的境地，他们往往都有未雨绸缪的准备。

还有另外一个朋友 B，是那种只要每次失恋，都会疯狂陷入回忆当中的人，回忆他们在一起走过的每条路，看过的每一部电影，去过的每一个地方，甚至吃过的每顿饭，一想到这些，她每次哭得不能自已，完全萎靡于生活。任何事物也提不起兴趣，浑浑噩噩，有一种"他不回来找我，我就会死掉"的状态。

这种人，也是太过感性，她完全不能自控自己的感情，任自己被一段过去的感情，折磨得体无完肤，浪费自己的时日。

理性的人，会逼迫自己认清现实，回到现实生活中，调整情绪，调整心态，为遇见下一段感情，做准备，变成更优秀的自己。

感性与理性的区别就是，一个认清自己，一个认不清自己。当然，过于感性不太好，过于理性也不太好。

A过于感性，会让他自己陷入一种困境之地，众人痛快之后，独咽苦果。但他若过于理性，一毛不拔，则会被朋友说成不近人情，可能会伤害朋友的心。

如若他感性中带点理性，可以请朋友，但要按照自己的财务情况，适当来花费，不一股脑全花了。这样，朋友也能领情，自己不会落到一副窘迫下场。

B过于感性，那她会丧失自己的生活，看不清未来的趋势。如果她过于理性，则会被别人看成冷漠，无情。但若感性中带点理性，她可以自己调整好心态，懂得失去后缅怀的适可而止，她的生活则会变得更加精彩。

生活中，不缺少理性与感性的人，也不缺少理性感性并存的人。只是后者，更能处理好自己面对的事情，不让自己陷入难堪的境地。

其实无论在生活还是职场中，我们都应该保持一颗理性与感性并存的心。因为在职场上，过于感性会让人觉得随性较强，过于理性的人会让人觉得太死板，缺少人情味。

比如C在一家公司上班，他平常一直兢兢业业，是公司里的优秀职工，但最近一阵子天天迟到，精神看上去也很疲惫。F作为他的领导，二话不说，在扣除他全勤奖的罚单上，潇洒签字。

其实C是情有可原的，他母亲重病，每天他下班要去医院照顾他的妈妈，身心俱疲，时间被分割，导致他没有休息好。

但某天下班他照常去病房探望妈妈，发现了好几个熟悉的身影，是F和相同部门的几个同事。

F虽然罚了他的款，但由于C以前一直没有发生过这样的状况，F则私下打听了下缘由，得知原因后，买了鲜花水果，带着部门同事一起来探望。

临走前，还塞给C一个红包，正是他迟到扣除的钱数。

C自然感动。

F就是理性与感性并存。他首先在理性层面，站在公司的角度，维护公司利益，因为公司的底线不能逾越。然后站在员工层面，替C着想，私下看望他的妈妈。这就让无情的制度，在领导的温暖下变得有情起来。

如果在现实生活中，能让我们看透这两点，并合理控制，合理运用，会让我们的为人处事，更得心应手。因为感性与理性兼并的人，往往都是生活里高情商的人。

如果爱，请深爱

　　在书里，在电影里，我们都看过太多感人的故事。无论是亲情、爱情亦或友情，都至纯至真。那些故事里的伟大之举，大多源于心里那份纯真无瑕疵的爱。

　　《泰坦尼克号》杰克宁愿牺牲自己也要护 Rose 安全。

　　《我的橡皮擦》哲洙知道秀真得了严重的健忘症，依旧不离不弃地守护，让她每天都重新爱上陌生的他。

　　这一切，都只是源于那份浓浓的爱。

　　而我今天讲的，是这样一个故事，关于战乱岁月，关于两个老人的深切爱情——《平如美棠》。它诠释了世间最动人的情，最好的爱。

　　那本书，和书里的画，是一位抗战老人，追忆亡妻所作。他用了四年的时间，把他与亡妻生活的点点滴滴，浓情爱意，一笔一画镌刻在漫画里。

　　两人，一见倾心，再见钟情，终生眷恋。

　　认识美棠那年，平如 26 岁。美棠 23 岁。他从黄埔军校毕业。从部队回来探亲，途径伯父窗前，看见一个女子："恰见一位面容姣好、年约二十的小姐在窗前借点天光揽镜自照，左手则拿了支口红在专心涂抹——她没有看到我，我心知是她。"

那是平如对美棠的第一印象，从心底里喜爱，他见她第一眼，便认定一生。而美棠对这个男子，也同样心生爱慕之情。

一辈子很长，一辈子也很短。一辈子，最幸福的事情，便是与她携手踏进婚姻的殿堂。江西南昌的礼堂，宾客如云，举杯庆祝。双方凝视，平如，美棠，把一生交托给彼此。

他说："在遇到她以前我不怕死，不惧远行，也不曾忧虑悠长岁月，现在却从未如此真切地思虑起将来。"以前觉得，当了战士，上了战场，命便交了出去。而有了美棠，有了家，此后，便再也不能轻慢自己的性命，因为命里多了一个人。

烽火连天，战乱，炮火，赶走侵略者，却又"迎"来内战，战争，不得不使他们经常分离。她的照片，是他在战场唯一的精神良药。他在多少个孤寂的夜晚里，看着她的照片对话，就如同心上人近在眼前一般。

内战停止后，他返乡。战事的结束，迎来了片刻的安宁。他们终于可以安静地跳舞，看自己喜爱的电影，过得倒也安逸。平如视力好，美棠视力差。若是一同看电影，如果坐在中间或后排，美棠便会看不清楚。为了让她看得清楚，平如牺牲了自己的视力，陪她坐在前排。久而久之，平如也变成了近视眼。他说爱她就要与她同步。

闲情逸致没有多久，"文革"把他们的距离拉得比战争时更远了，时间也拉得更久。

他被劳动教养，被派去很远的地方。单位找到他的妻子："这个人你要划清界限。"

美棠一脸坚定："他要是搞什么婚外情，我就马上跟他离婚，但是我现在看他第一不是汉奸卖国贼，第二不是贪污腐败，第三不是偷拿卡要，我知道这个人是怎么一个人，我怎么能跟他离婚。"

那些话，在美棠看来，就是对她们爱情的一种侮辱，她宁死也不会从，除了死，没有什么可以把他们真正分离。

这一别，就是 22 年。22 年里，他每年只能回一次家，除此，只能靠书信传达相思。她一人拉扯着 5 个孩子，虽艰辛，但知道平如总有一天会回来与她相聚，她的日子有盼头，就也还心安。书信和平如，都是美棠的寄托与念想，只要平如在，再远也如何。

"白石为凭，日月为证。我心照相许，今后天涯愿长相依，爱心永不移。"

时间，距离，都分别不了一对有情人的心，更何况是小小的病痛。平如"劳动改造"归来后，患急性坏死性胰腺炎，大便干枯解不出来，美棠便用手指将他的硬块一点点抠碎，让平如解便。

爱他，就是不嫌弃他，她对平如的爱意全藏在自己的举动里。

平如卧床休养的那段时间，美棠每天清晨 5 点去菜场排队买鱼，熬成新鲜的鱼汤，坐一大截公交，走一大截路，送来医院，只为平如能喝到热乎新鲜的鱼汤。

平如每天都会站在医院走廊上，看着来给他送汤的美棠。迎接她来，目送她离开。

在美棠的静心护理下，平如好了起来，但美棠却病了。美棠被确诊为糖尿病，需要每天进行腹膜透析。平如便向医院护士讨教了方法，在家里每天给平如进行腹透，不厌其烦，一做就是四年。

对她细心呵护，一如美棠对他那般细致。

病不要紧，最怕年事渐长，记忆错乱，会让一个人把记忆全部忘却。

美棠后来得了老年痴呆，经常会记错人，忘记一些重要的事情，这让平如很痛苦，因为他害怕美棠再也记不起他。

美棠的每句话平如都会认真去记，哪怕美棠说的是"胡话"。美棠想吃马蹄小蛋糕，平如便骑很远的车去买，当买回送到她身边时，她又不吃了。他也无奈，但没关系，爱她，就是让她任性。

美棠偶尔意识清楚的时候，会对平如说："你不要乱吃东西，也不要骑脚踏车了。"也会对女儿说："你要好好照顾你爸爸呀。"这两句清醒的话，竟也是人生最后的两句话。

在医院抢救的最后时刻，一直昏睡的美棠眼睛睁开了，兴许是看到了人群中的平如，她猛然睁眼，掉下了最后一滴眼泪，然后闭目离开了。

美棠走了，神情安详。那滴泪，或许是对平如的告别，让他好好保重自己。2008 年 3 月 23 日，美棠的追悼会上，平如挽她：

坎坷岁月费操持，渐入平康，奈何天不假年，恸今朝，君竟归去；沧桑世事谁能料？阅尽荣枯，从此红尘看破，盼来世，再续姻缘。

"海并不深，怀念一个人要比海深"。

年事老，唯相思不负。爱她一生，便画她一生。平如把对亡妻的爱恋全部画在书画里，终身珍藏。"此情可待成追忆，只是当时已惘然"。平如，亦只能盼来世，与爱妻重逢。

那个时候的爱，大多单纯，无杂质，牵了手即是一辈子。我们大多羡慕那样的爱，一个人用尽全力去爱你，去呵护你。但爱情是相互的，即平如与美棠那样，他们相互关心，相互呵护。爱情最好的样子，大概就是不离不弃。

没有你，世界都是孤独的

　　因为头部受创，他的脑部仅存留了 15 分钟的记忆。也就是说，15 分钟过后，对他来说，一切都成了谜，他如新生。

　　这个人，出现在《未知死亡》里，他叫杰辛哈尼亚。

　　没受伤前，他是叱咤商场的风云人物，电信界大亨，为人低调，既多金又帅气，被层层光环笼罩。笑起来暖得像香甜的棉花糖，所有人都喜欢他。他美好，善良。

　　当美与善碰撞时，就会两两相吸。所以遇见同样善良美好的卡尔帕谢蒂，他就被她深深地吸引住了。

　　卡尔帕谢蒂如天使一样出现在他的眼里，坐在私家车里的杰辛看见了这一幕：芙蓉如面柳如眉的卡尔帕谢蒂，机智地在帮助一群残疾的孩子用铁门搭路过"桥"。

　　他在那个初见她的地方，留下了一个浅浅的微笑。那个微笑，以至于当杰辛知道在报纸上刊登他与广告界某模特的艳色传闻时，他也毫不生气，甚至觉得很有趣。

　　是的，卡尔帕谢蒂就是那个女生。

卡尔帕谢蒂是一个没有多大名气的广告女模，为了生存，混迹在不大不小的广告公司里，为了讨好上司，为了能让自己不断地接到小广告，她不得不继续她的谎言：电信界大亨杰辛在疯狂追求她。

她在电视里演，在生活中也演，为了生计，不得不演。

他接近她，以普通人的身份。在员工面前，在客户面前，他是让人敬畏的大老板。在她面前，他只是一个陪她逛小吃街，坐三蹦子的傻大个。

他渐渐喜欢上她，喜欢那个对他做怪异动作古灵精怪的她，喜欢那个在马路上牵盲人过马路的她。

以至于当她的谎言快要被拆穿时，也义无反顾地帮助她。

她的老板告知她："我举办了一场活动，邀请了你的未婚夫为座上宾，你一定要邀请他来，这样，就会稳固我在广告界的地位了，邀请函已经发出去了。"

她的老板看着她，眼神里放着光，像是说：我的前途可都在你手里了。

卡尔帕谢蒂如遭晴天霹雳般，因为她根本不认识什么电信界大亨，只是她为了虚荣，为了享受大家尊重她时的感觉，她不得已撒了个小谎言。

于是，她不得不花钱雇人扮演晚会上要出席的电信大亨，也就是那个一直在她身旁的穷小子。

有时候，你以为做到极致的东西，别人就会认可，但往往事实就是背道而驰。

当她请来的小演员一遍遍扮演上层人物杰辛时，一开始怎么演怎么滑稽，演了一个下午，总算是有了那么点味道，卡尔帕谢蒂对他的表演给予了满分的肯定。

就在她窃喜的时候，杰辛的到来，让她觉得一个下午的功夫白费了。因为在杰辛看来，眼前这个演自己的人演得也太不像了。

他就是他，本无可替代，别人再怎么演，又怎么演得像呢？于是他扮演了他自己。

宴会上，他来了。来得风云四起，保镖随身，鲜花簇拥。他就那么顺势把她轻搂在怀里，以女朋友的名义。

她呆若木鸡，他原来可以这么光彩照人。她偷偷喜欢上他，或许也是因为善。晚宴上，他开出一张 50 万的支票给了问他要支票的人。

繁华过后，他们一起坐上回家的末班车。他对她表白："我爱你，我想与你结婚。"他想：如果她同意，那我会告诉她，我就是杰辛哈尼亚。如果她拒绝，我就还是她眼里的普通人。

面对他的表白，她迟疑了一下。她说她要想一个晚上。杰辛等了一个晚上，等到了他想要的答案。她开心地说，她愿意，愿意嫁给他。那或许是他们彼此，最开心的时候。

她继续把她的善绽放到极致，当她听说他妈妈"生病"时，她毫不犹豫把自己新买的车再度卖出去，那辆车包含她全部的心血，她拿着一沓钱，出现在他面前，说："别把地卖了，那是你祖辈留下的遗产。"

如果不是卷入一场恶势力风波中，或许他们已经过上了幸福的日子。当善遇见恶，若恶势力不能低头，便不是你死，就是我活。

卡尔帕谢蒂救下了一个被一群人贩子追踪的小女孩，最后在小女孩的线索下，协助警方捣毁了一群人贩子窝。她引来了黑帮头头 Ghajin 的追杀。

她以为世界上不会有那么恶的人，在她的世界里，是干净，纯洁，阳光明媚，充满善意的。面对一群悄无声息追杀她的人，她毫无防备。

他们追杀到杰辛曾以公司抽奖活动的名义，赠送给她的房子里，开启了一场狠毒的厮杀。柔弱的她千多万躲，终究逃不过劫难。

他来救她，但他也远不是他们的对手，不但没救下，自己也卷入了进来。她，一刀被插在腹部，倒在他怀里，虚弱地对他说追杀她人的名字。他，被后面突如其来的木棒敲晕在地上。

他们挣扎不能，他们死死被人踩在脚底下，只能双眼凝望彼此，用眼神作最后的诀别。

他看着她被人用重物狠击脑部，留下一地鲜血与遥望着他未合上的双眼。他还没有告诉她，他就是杰辛哈尼亚，他还没有看到她知道后夸张的表情。

醒来后，他成了 15 分钟记忆患者。他褪去了以前斯文儒雅的模样，他像一个经历过地狱烈火一般的人。他成了一个看上去凶神恶煞，满面青嘴獠牙的可怕之人。浑身刺着仇人的名字，时时刻刻提醒自己要报血海深仇。

他为她心爱的女孩成了"魔"。

哪怕只有 15 分钟的记忆，也毫不影响他的寻仇之路。他把 Ghajin 的照片随身携带在口袋里，时常低头看自己身上的刺青。

他的眼里只有怒火，仇恨，和不可抹灭的血海深仇。

当恶势力棍棒重锤击打在身上时，他不再像当初那般任人宰割，他奋力反抗。他用最后的一丝力气，向仇人刺去，向邪恶刺去，他用他们杀害卡尔帕谢蒂的方式，同样杀死了 Ghajin。

他露出了一丝微笑。

这是他似乎遗忘过的微笑，仿若她还在，他笑得如初见她一般，那么美好，那么纯净。当记忆复苏后，他活成了她的样子。

他因为爱变成魔，最后又因为爱变回原来的自己

温暖与阳光重新回到他脸上。他应该带着她的美好，继续生活，继续前行。或许有一天，他们还可以见到。

爱能治愈所有一切，爱就是新生，是带着你的记忆一起奔赴下一站路程。

十月胎恩重，三生报答轻

一尺三寸婴，十又八载功。十月胎恩重，三生报答轻……

母爱如海。

妈妈对我们的爱，绝不是从生下来的那一刻开始的，而是可以追溯到更早前——被怀上的那一刻。那时的妈妈，就已经谨慎有加，呵护有加，那个承载小生命的胎肚，无论喝水还是咽食，都是小心翼翼的。隔着一层肚皮，都能感受到妈妈充满爱意的手，轻轻抚摸。

妈妈的爱，深沉，三生都无以回报。年纪越长，越能体会父母的辛苦。

熟知我妈妈性格的人都知道，她是一个随时随地都喜欢讲话的人，你们也可以把这理解成爱唠叨。

这可能跟小时候妈妈经常嘱咐我有关，我从小不同于别的孩子，比较皮。妈妈不舍爸爸棍棒教育我，便只能开启"唐僧模式"，来开导我。

小时候，不懂事，会把妈妈的念叨当做子弹来躲避，躲得越远越好。那些：这个不健康不能吃，那个伤身体碰不得，这个营养要多吃，要好好学习……类似这样的话，不少听于万遍。但那时，不知道这些话语，句句都含着妈妈的爱与深情。

常听妈妈说，她年轻的时候，喜欢岳飞传，喜欢红楼梦，喜欢一切有内涵的东西，现在都经常能听见她说里面的段子。

但在那个年代，是不允许有梦的，会被别人看成一种罪恶，会被家庭当成不孝。

有了我以后，她的理想，很快被埋藏在柴米油盐与灶炉里，那些时常读的书，也放在了心底。那个时候没有诗与远方，有的只有眼前长满枯草的几亩地。

她的全部青春都在围着孩子，丈夫转。她的花容月貌，在烟熏毒晒里，渐渐被摧毁。

每一次我放学，她都会在村口，等我回来。无论多晚，无论刮风下雨，她都会一如既往地等待。

她很疼我，她会把她平常舍不得吃的东西，塞到我嘴里，说"这个好，多吃点"，小时候并不富裕，如果是一碗鸡蛋汤，她一定会让我把鸡蛋吃了，自己默默喝汤，那种爱，想必是每个母亲疼孩子的举动。

无论她多忙，都会抽闲替我检阅作业，生怕落下哪一处，怕我成绩落下太多，难以超越。

长大后，离她渐渐远了，工作在外地。她关心的话语，只能通过电话来传递：你要按时吃早餐啊，不吃早餐会得胃病，难受……

所以不管有多忙，春节我都一定会回去，与家人团圆，听一听妈妈的唠叨，看一看爸爸喂养的金鱼。

去年春节回来，见到一年未见的妈妈，她给了我一个轻轻的拥抱。依妈妈的性格，她是一个不会把情感表露在外面的人，想必，她迫切想表达她对我的思念。

她依旧会把家里收拾妥帖，照顾爸爸的衣食起居。依旧会系着围裙，围着灶台炒我们爱吃的菜。

岁月，从没有轻饶过谁，对我妈妈也一样。她两鬓的头发，白了一些，皱纹，更深了一层，背，也被压垮了一截。

记忆中的妈妈，从不会妥协，也更不会让步。但我每一次做的决定，她都会尊重。无论是去外地求学，还是留在外地工作。一如既往地做着让步，小心翼翼地做着让步。

儿女长大，各揣心事，无论你对世间有多大的抱怨，妈妈也会无怨地伸出双手捧着。

所以每一次妈妈面对我的倾吐，都会很认真地聆听，从来不觉得烦，只会觉得没听够。

其实仔细回想，父母给了我们很多关爱，我们却很少体会父母的感受，不知道她们的心思，不知道应该怎样做，他们才会更开心。他们会在意我们的一举一动，可我们平常总因为忙，忽视父母的日常。

父母为我们做的太多，于有声处，于无声处。

我们在父母慈爱目光的护送里，走向自己心仪的学校，去往自己喜爱的城市。如果你回头，你会发现，他们目送的眼光，久久都不曾离去。

家人，总是不留余地的为我们付出，从未索取过一丝回报。而我们给他们的，回过头来细数，却也能用手指掰过来。但他们给予我们的，一辈子都细数不过来。

母爱总是伟大的，从古至今亦如是。

所以哪怕是那些肩膀再薄弱的妈妈们，也能为孩子扛起一片天，立起一片地。

无论是自己的妈妈，还是身边亲人朋友的妈妈，亦或电影里的妈妈，她们都有一个共同的性质，那就是用爱可以生出无穷的力量，哪怕她们曾多么贫穷。

如果你的妈妈，因为一件细小的事情，不断地啰嗦，请你谅解她，她只是真的在关心你。不关心你的人，是不会舍得在你身上浪费口舌的。

如果你的妈妈，在你即将启程奔赴另一座城市，在你皮箱里塞各种家乡食物的时候，请你不要拒绝，她只是想让你吃得好一点。

如果你的妈妈，在给你电话的时候，请你不要不耐烦的口气，三句就结束她的话语，其实她只是想问你过得好不好。

如果你回家，请你不要一撂下行李，就开始出去"花天酒地"，不要忘记你的父母，等你回家的时间，犹如一个世纪。

如果有时间，请多关心下他们的身体，即便是一句简单的问候，对他们来说，也是一剂温暖的良药。

再多的话语，也囊括不了对父母浓重的恩情。只有趁父母还健在的时候，多陪伴，多关怀，就是对他们最好的报答。

真挚的友谊，不因时间而冲淡

真正的友谊，会温情我们的岁月，完整我们的人生。会因为彼此的鼓励与扶助，在长长久久的光阴中，开出绚烂无比的花朵。

真正的友谊，即便很久不见，也能穿越人层，迅速锁定你，一如既往的熟悉，给你一个轻轻的拥抱，或你们之间特定的小暗号。

那种打不跑，骂不走的友谊，一起温暖过对方岁月的人，是窝心的。人或多或少，都拥有那么三两个铁杆朋友。

说说自己吧，关于人生里的珍贵友谊。

我的友谊始于幼儿园，我跟她借橡皮擦那次。她的橡皮擦花花绿绿，很好看。我便多次向她借，为了回报，我会把我的橡皮筋给她玩。

小时候的友谊，大多纯真懵懂，不需太多的话语，喜欢彼此，安安静静的玩耍，就是彼此最大的满足。

放学一起回家，不是留宿她家，就是留宿我家。即便闹别扭也不过是一天的事情，第二天会拿着她喜欢的糖，站在校门口，别别扭扭地递给她。

中学时期，同校不同班，一起住宿，一起剪《超级女生》的发型，一起戏弄别人，一起打乒乓球。班上的所有同学，包括老师，都知道我们很要好。

日子波澜不惊，可离别没有任何征兆。

初三那年她家人帮她办理转学，我蒙着头哭了一个下午，直到眼睛不能肿更高，才开始停止哭泣。临走前，她送了我一个小学时期一模一样的橡皮擦，说想她就看看。或者年少因为羞于表达，没有拥抱，没有回头，只有一个颜色鲜艳的橡皮擦。

而后的七年，都没有再见到她，也没有任何联系，因为她的父母几乎同她一起消失了，找不到任何线索。唯一还在的就是那个橡皮擦。

可时间不会因为岁月的哑口无言，就尘封旧事。它会为真诚打开一扇大门。

工作的第一年，我接到一个陌生电话，久违的声音，隔着千山万水，传到我耳边。她说要来我所在的城市看看我，然后就是良久沉默。有些话，不语，依旧明白。

我去车站接她，见到她，还是没有陌生感。虽然从前圆圆的脸尖了一些，个子高了一些，但还是以前那个借我橡皮擦的姑娘。

她在人群里发现了我，给了我一个紧紧的拥抱。说她赚到了第一笔钱，就马上买了北上的车票。

一路上她还在解释自己为何没有跟我联系到原因，因为中考高考至关重要，她父母特意把她转到重点中学，就是为了让她一心更好的学习，不被外界所牵绊。

不过不管哪种原因，于现在来说，都不重要，现在才是最重要的。

直至现在，联系再无间断，不是我去她的城市，就是她来我的城市，一如小时候留宿一般，你来我往。

真挚的友谊就是时隔几年，你还能在旧的电话簿里，把我找到。

当然，友谊是需要去用心呵护的。她毕业工作的第一时间找到我，是有原因的。其实她离开后的那一阵，我经常会打听她的消息，无论结果是好是坏，始终都没有放弃。虽然，最后是她联系到的我。

想必，两个有心人，自然会把本来珍贵的友情，长期维护下去。

真正的友谊即是只要你在我在，世界在，友谊便在。不分年龄与地界，不论距离长短。

还有一种友谊，令人动容。那就是跨越半个世纪，半个地球，哪怕时间已经发酵，也要隔着千山万水过来找寻你。

例如颜世伟和刘元江。

他们的友谊虽质朴，却无比真诚。他们跨着整个半球，横跨半个世纪，还是不忘赴一场少年情谊的约会。即便他们两鬓须白，友情纯真的底色，多老都不会掉色。

颜世伟时常想念 62 年前，那个因自己患大骨节病，洗澡够不着脖子，给他擦拭脖子的刘元江。想念他们的旧时岁月，在江边一起练习吹军号的日子。

他们的友情始于初中年代，那时战乱烽火连天，他们在艰难的岁月里，给彼此的友谊留下了刻骨的一记。

动荡的岁月使他们分别，半个地球的距离，一个在中（国），一个在美（国）。但颜世伟从没有放弃找寻他的好友，通过各种渠道，想尽各种办法，最后他选择了上电视栏目，见到了 81 的岁的老友。

62 年的时间，足以让 81 岁的刘元江忘掉一些深深浅浅的回忆。

他可以忘记鸭绿江水的波涛，可以忘记帽儿山的云雾，可以忘记蚂蚁河的冰霜，也可以忘记他援助同学 40 元的救命钱，但唯独颜世伟那个名字，他记得真真切切。

什么是真正的友谊？真正的友谊就是无论你走得有多远，我都时时记挂，点滴恩情，便铭记永生。

不会因为时间的久远选择遗忘，更不会因为地域的限制，而放弃寻找。

所以颜世伟费尽千辛万苦，也要把刘元江从时间的旋风口找出来，即便刘元江用了很长的时间，才把他记出来。

不想忘记的人，不会淡灭的情，只要你有心去找，便一直都在那里。即便没有时刻相聚在一起，但只要你一召唤，我的耳朵就像千里耳，随时听得见。

就像《阳光姐妹淘》里的七姐妹。

她们在同一所学校读书，同一间教室嬉闹，胜似亲姐妹。7个人，组成一个 Sunny 组合。她们有哭有笑，有疯有闹。一起画画、聊天、跳舞、打架，悲喜在一起，为青春的友谊谱写了一段美好的旋律。友谊是在困难时候为你出头，替你打抱不平。在你沮丧时，不留余地的鼓励。

即便后来被迫分别，也能潇洒立下誓言：我们还会再见，如果有因为自己辉煌腾达而炫耀的丫头，我们就去惩罚她；如果有因为穷而不吭气的丫头，要折磨到她有钱为止；虽然不知道谁会先死，但就是死我们也不解散。

虽然毕业后各奔东西，但只要一声召唤，无论多远都会来到你面前。七姐妹里的大姐春花因为身患重病，时日无多，想见一下当年 Sunny 组合的成员。

娜金便想尽各种办法，把曾经一起走过青春岁月的姐妹们，重聚在春花面前。让春花在过去的回忆中，安详地合眼。

友谊是，哪怕有一天，她即将离去，她满心满眼地在乎的，还是年少时的友谊。

其实，那些友谊啊，只要你够在乎，无论时间距离有多远，都不会把你们打败的。如果说能够打败的，那只能是自己的心魔。

所以，无论对方在哪里，你们又因为什么事情而分开。要记得给对方打上一个电话，发上一句消息，不要吝啬你的语言，告诉对方，你心里有他。

朋友就像人民币，有真也有假

　　我们经常爱挂在嘴边的一句话便是"我朋友谁谁，我朋友在哪哪哪，我朋友怎么怎么"，类似这样的话可以脱口而出。从我们口中表述出来的，看上去似乎有很多朋友，且都是看上去亲密的，要好的。

　　但事实真是如此吗？也许未必。

　　随着年纪的增长，围聚在自己身边的人也越多，我们对每个人都不带有色眼镜的送他们一个称号，统称：朋友。

　　但那些朋友谁是真谁是假？或许不清楚，因为没有试探过。或许清楚，因为经历过。

　　有些朋友，只有当他遇见困难的时候，才会在你面前出现。有些朋友，在你出现困难的时候，他就会及时出现。

　　想必这样的朋友，谁真谁假，一目了然。

　　很多时候，我们会称第一类人，为"酒肉朋友"，称第二类人，为真朋友。酒肉朋友大多走肾不走心，酒后便会记不起你是谁。真正的朋友，不一定锦上添花，但一定会雪中送炭。而对那些假情假意的朋友，我们可以适可而止。

有些人，会误把那些酒肉朋友当成朋友处，最后人家抽离了，她还一个人卡在那里出不来。

朋友很多，但决不仅限于KTV，酒吧的觥筹交错里。真正的朋友，她可以在你喝得一塌糊涂的时候，为你挡酒，为你买杯暖粥。

可以在你感冒的时候嘘寒问暖，惦记着你的小爱好，会忍让你的小脾气。

朋友不需要多，真诚就好。毕竟，"假面"的朋友，太多，应付不来。

我们身边看似有很多"好"朋友，我们的电话簿里，有上百位联系人，微信里的好友的人数，更是达到千数。

但真正想找人聊天的时候，上下划拉着屏幕，却不知道找谁。你随便发出的一条状态，或许可以有数十人立马回应。但你真正遇见事情的时候，人群一哄而散，不免会生出几分苍凉感。就不免让我们怀念，那些总在荧屏里打动人心的友情。

所以，当身边还有那么一两个真心人，留在身边的时候，内心不免会感到一阵温暖，想要用心去珍惜。

记得去年夏天，我的眼睛因为紫外线照伤，泪流不止，眼睛也处于半肿状态，睁眼有些困难，极其难受。

我摸索着手机给好友彤彤去了一个电话："我眼睛快看不见了，你陪我去趟急诊吧。"

半个多小时后，她出现在我的家门口，一副凌乱不堪的样子：眼睛半睡半醒的状态，衣服扣反了方向，一只帆布鞋的鞋带还松垮着搭在地上。最让我感动的是，我记忆中那是她第一次穿运动鞋，她说怕跑得慢，把高跟鞋换了。

那时是夜里凌晨十二点钟，我所有的感动都藏在我朦肿的眼睛里。

她一路上充当我眼睛的角色，帮我挂号，就诊拿药，回家帮我冰敷，直到我上床睡下她才离开。第二天会时不时关心我的状况，问我有没有好点，还难不难受。

那些动作和话语，无比暖心。

一个身在异地，有这么一个人真诚地去关心你，呵护你，没有理由不会感动。只能倍加珍惜那份难得的友谊，才可以把友情的花朵灌溉的更加旺盛。

当然，她至今还是我为数不多的朋友之一，只要她的身边有点风吹草动，我也会立马出现。

想必，朋友之间的相互真诚，是最重要的。这样的朋友，才会应了那句："朋友，可以把快乐加倍，悲伤减半。"

但也不是所有人，都会拿出一颗真诚的心，去交换真情。有很多人他们的情都止于自己的利益上。

曾经有一档节目，我记得很真切，因为人性的丑陋，在里面展露得淋漓尽致。

节目大意是，男主想要找回她的女友，因为他的女友离开了他。他来真情告白，试图挽回自己的女友。说这些时，他真君子的形象还维护得完完整整。当主持人问及他女友为何离开，他的假面才被大众赤裸裸地撕开。

他说他一夜暴富，因为工作上的一点运气，赚了百万，有了钱，买了车。终日与酒肉朋友一起醉生梦死，花天酒地。有了朋友，有了狐媚之女，自然想不起家里日夜等他的姑娘。

女友让他回头，等他回头，他不听，也听不进去，心已被迷出了窍，很难归位。好言无用，女友以身相逼，自残，割腕，满手臂鲜血直流。他还是不听，闭目不见，他说朋友最重要，吃喝最重要。

女友最终离开。

人心是最难受住考验的，他的一夜钱财，来得快去得自然也快，被他所谓的朋友骗光之后，前呼后拥的身边人一个个离开了他，说要一辈子称兄道弟的人，溜得比谁还快。

如今他站在节目里，一副大气凛然的样子，求他女友回到他身边，他说现在他才知道谁是真心，谁是假意。毋庸置疑，他面对的，自然是女友冷漠的回绝。

真朋友，假朋友，其实能一目了然。在你落魄的时候，能及时出手的朋友，是真朋友。你沮丧的时候，能软言相慰的，是真朋友。能雪中送炭的，是真朋友。真朋友说真话，不会像别人一样藏着掖着。只能共荣华不能共甘苦的，自然算不得朋友，只有在你风光时，才会出现的，算不得真朋友。

柯林斯曾说："在成功时，朋友会认识我们；在患难时，我们会认识朋友。"

生活中，我们往往最能感动于属于别人的真挚友谊。感动谁和谁的友谊千年不摧。却不知道他们彼此的付出，有多么真诚，就像颜世伟和刘元江。殊不知，你要想收获一份自己的真友谊，你也需要主动去付出，才能感动于人，得到相同的回报。即便得不到相同的回报，那也比你什么都不做，干等着要强。

那些真真假假的朋友，只有尝试过才知道。行走在世间，我们无火眼金睛识得一切人，我们管不了别人，只能在自己走的每一步里，真心去对待每一人。足够的诚心，足够的诚意，便足矣。

常怀感恩之心

生命就是一场不停的遇见，我们在世间不断地前行，不断地停留，不断地遇见，又不断地别离。在这一场大的循环中，在每一个起点和终点，我们分别收获不同的东西。

所以每一次遇见，每一次停留，每一次相惜，我们都要抱有感恩之心，感恩万物的滋养与馈赠，感谢每一个人的帮助与付出。于人于物，都是一样。

我喜欢旅行，大学毕业之后，我便开始了一个人的行走。我和自己许下了一个约定：每一年要呼吸不同城市的气息。

于是，我在湘西凤凰与苗族姑娘欢声笑语；我在北京长城的冬季见证了"北国风光，万里雪飘"的壮丽；我在深圳的小梅沙和海浪奔跑；我在西藏的布达拉虔诚的祈祷；我在贵州的黄果树聆听一泻千里的震撼；我漫步在夕阳下的厦门鼓浪屿；我在美国佛罗里达看沉醉的夕阳……不同的地方有不同的韵味，不同的韵味让我的心灵有不同的体验。

风霜雨露赐予我们美的享受，人和事教会我们生活的意义。

我珍惜那一切的时光，无论是独处，还是旅途中的遇见，亦或是这一切，都像一场光一样，照亮我前行的路途。我更是感恩大自然的馈赠，让我在世间能欣赏丰富多彩的美。

在旅行里收获的那些美好，终究是万物赐予心灵一场空前的盛宴。你不得不感谢那些在旅行所遇见的一二三，未来的我，想必，会怀着一颗好奇心一直走在这片神奇的大地。

从旅行到生活，我无不感谢过往。

一路走来，我从一个爱哭鼻子的女孩，变成一个可以独当一面的独立女性。我明白，不是我一个人的力量让我走到了现在。

每一次的落寞，那远在农村的老家就是我心灵的寄托，父母无声的行动就是治愈的神器；在一个人承受不住的瞬间，那久不联系的老朋友就会在背后伸出手将我往前推一步；我在专业上的每一次困惑，都有长者的指导和同行者的善意提醒，他们陪着我一起在事业上找寻自我。

就是这样一些人让我成为了更好的我，我珍惜这一切，更感恩给予我生命的父母和人生中遇到的良师益友。未来的我，会怀着一颗坚定的心一直走在奋斗的路上。

相信每一个人亦如同我一样，对过往，有着一颗无时无刻想要报答的心。

相处了三年的好友于童跟我一样，她也是一个非常懂得感恩的人，细微到别人帮她倒杯茶，她都会感恩万分，更别说是在人生中经常帮助过她的人了。她经常说，以前内心不够富足，力量不够强大，所以缺乏能力去报恩，现在内心富足了，有能力照顾自己了，也有能力感谢别人了。

她大学时期的生活过得比较拮据，生活费少得见骨，兼职的几份工作所得交了学杂费，所剩无几。

但她的室友们会在无意间帮助她，例如故意多叫一顿饭菜，叫她一起吃。或者把某次要交的费用，说成自己怎么带了两份的钱，可以帮她一起上交，至于还不还的，是其次，可以等她以后毕业宽裕了再说。每一次都在不伤她自尊的难堪里，帮她的忙。

她把那些小恩情记在心里，现在的她，在自己的行业里风生水起，只要当初室友的一声言语，无论路程多远，她必定会出现。

因为室友的温情，与她的温情，让她们的友谊也越走越远，相互扶助，相互感动。那些细小的感动，早已成永远。

其实生活中，类似的事情有很多，你接受别人小小的恩情，感激万分，竭尽全力去回馈，不让别人给予的温暖有一丝凉却。

当然，也不是所有人，都会常怀一颗感恩的心。因为有些人会把别人的赠予，当成一种习惯，当习惯在他的思想里横生扎根，他便会忘记人应该要感恩这个道理。

某位同事，他是某上市公司的一家销售代表，能力强，个人业绩突出，经常排名在公司的红榜上。他为公司带去了不同程度的利益，公司自然回馈他的辛劳，发放年终奖的时候，给了他六位数的奖金。

但他对这一切似乎都很不屑，他的一言一行里，都透着那是他应得的，他认为给公司创造了巨大的利润值，公司再付出多一点的薪酬都是应该的。

他不知道，他是借助这个平台，才一点点实现自己的价值，他利用平台的一切资源去创造，是平台成就了他。但他丝毫没有感恩之心，认为那是他理所应当的。

感情不带色彩的人，自然走不长久。不过多久，公司办公室里便再也没见到他的人影，据悉他已经离职。

其实他不知道，公司老板有意提拔他，准备升职对他予以重用。但这一切，在他表达的那一瞬间，就都变了。

如果他知恩，感恩，自然也能收获更多意想不到的赠予。

人生也是一样，无论行走在哪，都要带一颗温热的心，去感知所有一切。毕竟人心不是一面冰冷的墙，你呼会应，唤会回，它需要你拿真心交换。

回顾二十多年，有过无数欢乐的瞬间，也有过许多灰暗的时刻，感受过感动的温暖，也体会过人心叵测的心酸。"没有在深夜痛哭过的人不足以谈人生"，我感恩一切的遇见，这样一些悲欢喜乐交织在一起，才让我真正来到了一回人间。

六　走好，少有人走的路

　　每个人的一生都像是一条长长的人行道。有的很整洁，然而有的，像我的，沿途有裂缝、香蕉皮和烟头。但是我们必须接受自己，接受自己的缺点和所有。虽然我们不能选择自己的缺陷，然而作为我们的一部分，必须去适应它们而生活。

——《玛丽和马克思》

我不是另类，只想不一样

如果你也看了王小波所著的《一只特立独行的猪》，那么想必你也会同我一样，被那只"另类"的猪所吸引。

那只特立独行的猪，极具自己的性格。它不同于别的猪，它不光只会睡了吃，吃了睡，无限打呼噜。它还会模仿各种各样的声音，不光对"艺术"有追求，它对暴力也会有所反抗，不会任人宰割。它被几十个人围攻的时候，会拼尽全力，突出重围，重获生命。

它聪明，冷静，睿智，多才多艺，它具备人类所有的特性。

它敢于抵抗，敢于搏斗，敢于无视生活的种种一切。

它不是我们人类所想象的喜欢标新立异，矫揉造作，也不是狂妄自大，更不是与世界万物和它的同类格格不入。

相反，它只是一只特立独行的猪，有自己见解与认知的猪，你与它待的时间长了，便会理解它，它一点也不"另类"，一点也不流俗。

你对它有足够的理解后，或许你会与王小波对它的见解一样："长到四十岁，除了那只猪，我还没有见过谁敢如此无视对生活的设置。"

是的，它无视对生活的设置，你不能说那只猪是"另类"的，就像你不能对所有敢于与生活做出抗争的人，说他是另类的。

它只是万千动物里无视生活的代表，它有自己的思想，有自己的目标，对生活的约束绝不妥协。

显然，王小波是想通过那只猪，来表达他自己内心的情感。因为现实生活中，很少有人像那只猪一样，无视生活的束缚。人大多庸俗，又随波逐流，没有自己的思想，过着一成不变的生活。

所以他才会说出，他长到四十岁，还没看到过哪只"猪"那么无视生活的设置。

或许，现实生活中，我们大多都想像那只特立独行的猪一样，不甘命运的平庸，不甘生活的束缚，不任命运宰割。想要思想跳出那层包围圈，往远方，往自己心中的彼岸越去。

可大多出于这样那样的原因，左右自己的思想，逃不出重重的包围圈，便放弃了自己内心原有的笃定，向另一方妥协。你容易随波逐流，跟着大众的路线走，于是从来没有取得过像样的成绩。

你跟很多"另类"的反立面一样，加入"口舌八卦"的队伍，暗地里指着谁谁谁不一样，不当一般人，非要做奇葩。然后，你就此在生活里沦陷，一去不复返。

但成功向来不属于庸俗，所以只属于另类的少数。

生活中，那些真正"另类"的人，都取得了不俗的成绩。因为他们内心笃定，沉着，懂得自己内心真正的向往。

例如《明朝那些事儿》的作者当年明月。

当年明月从小学起，就被他的同学们贴上了"另类"的标签。

所有人的小学课余时光，都是伴着各类小游戏度过的，乒乓球、皮筋、弹弓、玻璃珠，或者在爸妈的怀里撒娇嬉闹。

　　但他的童年时光不一样，他是伴着一套《上下五千年》成长的。他的小伙伴们在嬉戏玩耍的时候，他沉浸在中国的发展史里。他的小伙伴对他议论纷纷的时候，他已经把《上下五千年》通读了十二遍。

　　从那时起，他就注定和别人不一样，他为自己的历史知识，奠定了丰厚的基础。

　　中学时，他熟读各类古籍，除了高考的时候停下过两个月，其他时候，便是雷打不动的阅读时间，无一例外。

　　多年后，厚积薄发，他写出了不俗的作品，《明朝那些事儿》那些趣味的写法使书的销量累计超过千万册，让他荣登作家富豪榜。

　　成功注定属于他，或许那些时间，他与孤独为伍，没有朋友，没有娱乐，他是所有人口中的"书呆子"，不懂得同学间的友谊。但，那又有什么关系呢？

　　他只不过是不一样的当年明月而已，不一样的他，取得了不一样的成绩。他不同于别人，他有自己内心坚定的想法，所以注定与别人不一样。

　　当他成为别人课后谈资的时候，他已经把书里的某项重点知识，记在了脑海里，当别人再次讨论他的时候，他已经再一次重新巩固了一下知识点。

　　那些特立独行的人，往往有自己的固守与认知，就像那只特立独行的猪一样，它不怕同类异样的眼光。

　　也如某些人一样，他们不怕被别人指指点点，不在乎别人的评头论足，例如张爱玲与王菲，所以她们活得无限精彩。

　　那些动不动就说别人"不合群"的人，只是因为他们不懂得"另类人"的内心，他们都只看到了最浅显的一面，所以容易对人产生一种质疑的心理。

但哪有什么另类？只不过是想与别人不一样罢了。只是不想同多数人一样，什么时候吃饭、睡觉，什么时候做功课，毕业、工作，都跟人一模一样，被安排得井井有条，一成不变。

因为"另类"，因为特立独行，大多这样的人，都活出了自己想要的精彩。不会像那些大部分随波逐流的人一样，听从命运的安排和指示，麻痹着自己的思想，对万恶的生活不得已低头妥协。

那些"另类"大多低调沉静，他们埋头前行，知道自己想要什么，外界所有的声音，都不会动摇他们想要成就某件事的决心。

他们所牺牲的往往是你不能承受的，你不承认别人比你特别，不承认别人比你优秀，就说他人"另类"，这显然是带着一种邪恶的嫉妒在里面。

王小波说："对生活做种种设置是人特有的品性。不仅是设置动物，也设置自己。"

所以但凡能对生活做设置的人，请你千万不要以异样的眼光，去看待比你更勇敢的人。他们不是什么另类，只是不想跟你一样而已。

坚持自己，告别无趣

无趣是什么？无趣意味着，你对生活没有任何憧憬，没有任何期待，日子得过且过。没有自己的爱好，也不主动去寻找爱好。即便在都市的霓虹里，但也活得波澜不惊。不爱交际，也不去交际，日子过得麻木及无聊。紧闭自己的心门，不愿接纳任何新鲜事物。明明什么都没做，却满心满眼疲倦不已。

这样的人，日子过得大多机械无意义。

我认识的一个朋友，她就是那种极其无趣的人。一年 365 天，她可以日复一日地把日子过烂。她的生活里，绝对不会有什么新鲜花样。除了上班，就是睡觉，每天两点一线，雷打不动。生活一成不变。

典型的"三无人员"。无交际，无爱好，无理想。日子仿佛一潭死水，掀不起任何涟漪。

因为不想让她年纪轻轻，就过成一副颓废的老人模样。一旦遇到好玩有趣的东西，我便会与她分享，试图把她沉睡的心灵唤醒起来。

例如我在某本书里看到某句搞笑的话，会与她分享。

例如看到一个胖子变成瘦子的全过程，会与她分享。

例如听到一首好听的钢琴曲，会与她分享。

例如看到别人办画展，会邀请她一起去看……

当然，做这些，完全只想拯救一下她老化的内心。

幸运的是，她会尽力来配合我，学着认真，渐渐地融入其中。有时她遇见自己感兴趣的，也会表示出她自己的喜欢。

慢慢挖掘出来一些小爱好，例如发现某首钢琴曲好听，她便会下载哪首曲子，无限循环。

没有什么是刻意被生活安排好的，都是积累的征兆。有一天她突然告诉我，想要去学弹钢琴，觉得钢琴很优雅，旋律也很好听。如果自己能学会，那肯定是可以给生活添上不少色彩。

这倒让我讶异了一会，开窍得到挺快。喏，以前看她的样子，都是死板木讷的。现在感觉她口中说出来的每一个字，都是鲜活的。

我立刻赞同。周末陪着她去选班，报班。

她的生活，以钢琴为切入口，渐渐找到了自己的爱好点。周末不再宅在家"葛优躺"，泡韩剧，一有空就去学钢琴。

学五线谱，记音符。那些脑仁疼的入门题，倒是也没把她吓退。她周周不断，半年多下来，也能弹出一首像模像样的曲子。

你可以看见她弹钢琴时候的专注，极为动人。虽然曲子的音律，会偶尔断裂。但能感觉到她"残缺"的内心，总算是完整的了。

至少现在的她，会尝试怎样去热爱生活，尝试坚持自己的爱好。至少她不会一边抱怨生活无趣，一边什么也不去做。于她本身而言，就是最好的进步。

很显然，若想生活不那么无趣，就要不断地试着去尝试。在尝试中发现你的小爱好，或者够幸运，你会把小爱好扩成大理想。当你在一个领域中一路探索下去，或许你会收获不一样的风景。

她在我的开导下，找到了类似更多的兴趣，现如今，钢琴只是她其中的某一项兴趣而已，她说她会坚持下去。

当然，有趣的前提是，你必须对待一件事物，有足够多的诚心和耐心。

我所认识的另外一个朋友，也算半个老师，熟知源于一次鉴赏。他是一位古玩专家，在古玩界享有一定的地位。

在我看来，他是个极其有趣的人。

他十八岁拜师学艺，对古玩尤为认真，师父教授的东西，他会听得十分传神。每天会把所见所学，在入睡前回顾一遍，像电影回放的慢镜头，一处不落的尽情回忆。

他把无数次深情的热爱，都给了他最喜爱的古玩。

如今，他从事古玩收藏鉴赏四十余年，擅长各类古玩杂件、清代及民国瓷器的鉴赏，早已达到登峰造极的地步。

任何瓷器玉器放在他眼前，再到器物周身游走一遍，准能迅速得出结论。每次鉴赏完毕之后，他都会再次回味几处细小的部位，能看出他对鉴赏过程非常的享受。

看他乐此不疲，我有时会忍不住问他："老师，您看了一辈子，琢磨了一辈子的东西，它真的还会那么有趣吗？"

他只是在沏茶的空隙里，淡淡地笑。尔后他拿出一个紫色的玉镯，细细地讲出了里面所有的门道。

虽然他没有正面回答，但我想已经能猜出他的答案。

有趣是你只要赋予它足够的深情，足够的耐心，不计回报地投入，你自然会观察到它不同的一面，别人所不能看透的一面。你细心，不懒惰，才会挖掘出生活中有趣的内涵来。

他讲玉镯的时候，能看出他对古玩的无限热爱。自然，古玩于他来说，就是一辈子的"有趣"。

生活中的有趣或无趣，在于你是否决心去探索一件事，深挖一件事，而不是遇见困难就浅尝辄止。

例如你好不容易找到的爱好，想要学习某个舞种，但由于学个三五年也只能学个皮毛，你来不及去深爱它，就已死在了半路上。

仅有热爱，没有坚持，是不会让无趣的东西变得有趣的。

如果你的人生缺乏趣味，若想告别无趣，变得有趣。那不妨多去接触一下外界的生活，不要把每天固定的生活，活成自己慵懒的样子。

有趣并不是代表你喜欢的东西，一定要丰富多彩，而是指你能把一件单一的事情，有始有终的去热爱。

你要认真对待生活每一件细小的事情，才能把日子过得有活力，生活才能趣味盎然。

学会控制情绪

情绪于我们而言，是个不折不扣的"大心魔"。很多时候，我们都无法控制住自己的脾气，我们因为生气，因为愤怒，因为怒火冲到了最高点，无法控制住自己的脾气，所以让坏情绪无限膨胀，说一些恶意中伤别人的话语，做出违背内心本意的事情。

虽然有口无心，但这却给别人造成了很大的影响。而那些影响，是无法愈合的。

记得这样一个小故事，一位妈妈，因为一件小事，对儿子大发脾气，大声指责他，让他在别人面前丢尽了颜面，伤透了自尊，最后导致儿子离家出走，再未回归。

故事中的妈妈，因为脾气火爆，因为不能控制自己，而失去了一段无可挽回的亲情。

其实这样情绪失控的事情，现实生活中，实在太常见。我们身边有太多那样数不尽的例子。

我们会因为对方的一次迟到，在公众场合当众发脾气。会因为在餐馆吃饭，菜上慢了，大声呵斥服务员。会因为别人不中听的言语，口战三百回合。会因为别人抢先坐上了本来属于你的出租车，在车后破口大骂……

因为太多这样那样的琐事，让原本冷静的我们，做了情绪的魔鬼，不顾一切后果，让自己的嘴巴好过，让自己心里舒服。所以很多时候，我们的嘴，如一把尖刀，狠狠地在别人心口剜上一下，让对方在体内鲜血淋漓。

闺蜜的妈妈就是一个"坏脾气"的人，她每次会因为一些琐碎的事情，对闺蜜说一些极其难听的话。学生时期，如果一次没有考好，她妈妈就会大发脾气，撕毁她的书籍。工作时期，如果夜晚回家得晚了，她会摆着脸说你为何不干脆野在外面得了。

闺蜜虽然嘴上不说什么，但妈妈的那些行为，潜移默化地在她心里生根。她心里偷偷地怨恨她。任何的内心话，她也只会跟爸爸说。

如果她的妈妈不改变一下自己的方式，控制一下自己的心魔，想必会让亲情离她越来越远。

情绪是可以自己控制的，就看你愿不愿意自己去降服它。其实我们每次都是有口无心，火气来了，图一时痛快，说着言不由衷的话，做着身不由己的事。

其实很多时候，情绪的冲动，不但伤害人心，还会让我们损失很多机会。

维尼是一家公司的业务销售，他能力强，专业素质过硬，但因为脾气火爆，控制不住自己的脾气，在很多公众场合直接让对方下不来台，导致很多顾客不愿意跟他合作，即便他没有恶意，但对方也还是对他敬而远之。而能力远在他之下的一个同事，倒是成绩要远比他好得多。

说到底，那些任由自己的脾气在体内横飞的人，是因为情商太低，情商高的人，都会控制自己的心魔，即便她也很生气。

苏瑶就是属于情商高的那种人。苏瑶的业务能力虽然不是数一数二，但是她的自我情绪管控能力，为她带去了极好的人缘。

她总是能处理好自己与同事及领导间的关系，也能为别人巧妙地化解一些尴尬，所以她也为自己升职加薪创造了良好的机会。

记得有一次她主持一场会议，台下坐着很多重要的客户，关系公司未来的发展脉络。

正当她讲到关键点的时候，投影仪突然黑屏，负责会议前期准备的同事柳叶，没有做好彻底排查，导致状况发生。柳叶紧张到了极点，怕因此而丢掉工作。

虽然苏瑶的内心作了扭曲状，但她并没有把坏情绪带到脸上来，她用一个玩笑来化解这场尴尬，她故作轻松地对大家说："看吧，重量级的嘉宾就是不一样，投影仪都紧张到黑屏了。"

趁小故障期间，轻松地将话题转移到了她公司的发展史上，挽救了一场危机。

当然，事后她也没有当众责怪柳叶，而是私下把她叫过来，让她下次小心谨慎一些。

柳叶自然心存感激。

她不但给客户留下好印象，也得到了人心。

可见，学会管理好自己的情绪，是一件多么有必要的事情。苏瑶说，她不是不生气，但她知道发脾气解决不了任何作用。

如果她把责任全怪在柳叶头上，那柳叶势必会与她理论一番，即便错了她也不会全盘承认，会与她抵抗一番。因为没有一个人会在对方暴怒的情况下，那么干脆的当众承认自己犯下的错误，即便她内心知道错了，嘴里也是不会承认出来的。

　　无论干什么事情，工作也好，生活也会，都需要时刻保持头脑清醒的状态，控制好情绪的心魔。

　　如果脾气上来的时候，就深呼吸，把对方当成自己，试想，如果对方是你自己，你想象别人骂自己的样子，你还能继续把脾气发下去吗？

　　我有一个朋友，她性子很急，每一次开车，看到别人开慢了，或超她车，她都会把脖子伸出去大骂。事后就很懊恼，觉得自己不应该那么发脾气，损自己的口德。

　　后来她也渐渐控制自己，例如把开车的人，幻想成一位老爷爷，觉得对方都是这么大年纪的人了，自己骂上去于心不忍。

　　经常发脾气，不但有损自己的身心健康，也给别人带去了很大程度上的伤害，于人于己，都是得不偿失的。如果你是对的，你没必要发脾气，如果你是错的，你没有资格发脾气。

　　管理自己情绪，不但是情商高的表现，更是一种深入骨髓的教养。

不烦恼失去，生活总在继续

有些人对失去念念不忘，为之懊恼。有些人对失去淡然相受，积极应对。两者态度截然不同，前者放不下，后者看得开。

失与得本没有那么重要，重要的是你的心态，怎么去看待一件不幸之事。

那些放不下，看不开的人，内心自然会难受。因为他们有太多的结解不开，太多的道理，想不明白。

我曾见过那样的人，无论得到多少，只要一点不如意，就会抱怨，不开心，愤怒写满整张脸。

例如我的大学同学，张天一。

他出生在一个很富足的家庭，家庭的因素，让他天生拥有的就比别人多。他拥有着一切别人梦寐以求的东西。从小学开始，就一路重点飙升保送，安然到大学毕业。

房子车子，自然不是他该烦恼的东西。

但他也是个蜜罐里的孩子，甜惯了，以为所有的东西，都会被蜜罐里的糖，吸过来。除了爱情，他的人生路，几乎是顺畅成一条直线的。

他喜欢上一个女生，是他的同事。他喜欢她的好看，喜欢她的自然，喜欢她的坦诚。他用了一个夜晚的时间，来想他的告白词。但没有得到相对的回馈，他抓狂，他茶饭不思。

终于在第二天，得到了姑娘的回应，她说："对不起，我不太喜欢一身肥肉的人。这样的人，没有自制力。"

于是，他奔溃。他开始向周围所有的人抱怨，各种粗俗的话语，张口就出。有一种得不到就要"毁灭"的感觉。

他以为他还没有得到爱情，就要失去，失去得太没有意义，爱情没有开始，就已葬送，他痛苦不已。

但后来出现的一个女生，让他重新收获了爱情。那个女生说，她就喜欢他胖乎乎的样子，可爱。他仿佛重新在爱情里见到了光明，他开始追求她，她没有拒绝。

于是，他的爱情画上了一个完整的句号。

其实人生也是一样，你在哪里失去，就会在哪里重新弥补回来。就例如爱情，不喜欢你的不要你，喜欢你合适你的，总会在不远处等着你。

只要生活在继续，这里缺少你的，一定会在另外一个地方，替你弥补起来。

我的一个朋友排骨，也曾经历过失去的痛苦。他今年 30 岁，长得很阳光，但帅气的外表依旧掩不住内心的沧桑。

他创业几次，全部以失败告终。

他懊恼，认为自己几年辛苦积攒的资产与希望全部付之东流，日夜买醉，找不到方向。

每次找我时也是一副醉醺醺的模样，不忍看他堕落，我便耐心开导他：虽然失去了金钱，但是得到了经验，这些都是宝贵的。虽然没有人愿意拿出一笔钱买一个教训，但很多时候，有些经历就是很宝贵的，必须掏出金钱才能买到。

他听完后也释然，准备重新开始。他说如果现在做出不名堂，职场总有到头的那天，唯有创业能够让一个人实现财务自由与人身自由。

但真正要卷土重来，他还是心有余悸。其实他还是放不下，忘不掉以前生活所带来的伤痛。

很长一段时间，我不知道如何更好地去说服他，直到自己也经历了失去与痛苦，在某天的早上突然想通了一件事：其实生命的常态本来就是失去。

从小到大，无时无刻不在失去，即使暂时得到，也只是为了失去而准备。我们喜欢得到，却非常厌恶失去，本身难道不是违背生命规律？

当我用这样的思维再去看以前痛苦，都成了一场闹剧。排骨听到了这句话，以后再也没有听到过他诉苦。也许，他的人生又开始一番折腾了吧，一个思维的转变，真的可以影响一个人。

记得一个做销售的朋友曾说：

与人谈业务的结果只有两种：得到与学到。

跟一个人谈业务，如果成功了，你得到相应的报酬，如果没成功那么你也应该学到一些东西，开口三分利，大致也是在这点吧。这是销售员的乐观，也是人生的一种积极乐观。

不止排骨，另外一个朋友胖虫也有过类似的烦恼。

胖虫今年快要 40 岁了，在职场混没有风生水起，也没有顺风顺水。身为总监，除了低头干活，还要时刻讨好上级领导。一脸沮丧的他时刻告诫我：一定要努力，否则的话，现在的我就是将来的你。

我理解他的怀才不遇，他的文笔犀利，水平要超过那些专栏作家，但就没有机会，这让他很是恼火，但又不得不踏实工作，房贷与车贷压得他喘不过气，所有的种种，都将他的人生逼成了生存的工具。

他总是喋喋不休地诉说，曾经有个好机会没有好好把握。我告诉他：失去的机会，代表着这个机会本就不属于你。

他如果有真本事，就不会畏惧那些擦肩而过的大小机会，是金子早晚会发光。

当然，他结局很圆满。他坚持不懈在各大论坛与媒体上展示他的文笔，属于他的伯乐也看见了他喷薄的才华。自然胖虫也得到了一份自己真正喜欢的工作。

失去，是一种痛苦，其实我也曾深有体会。

在爱情结束的时候，世界蒙上灰白，躺在床上一动不动，连吃饭都成了一种累赘。内心有万般情绪，难以表达，不想与朋友交流，做什么也提不起兴趣。在深夜一遍遍回忆当初的情景，自说自话，自我哀痛。

但痛苦几个月过后，生活回到正轨，该说的说，该笑的笑，一切都成了记忆。

无论是爱情、事业，还是生活里失去的，总相信，它们都会对等重新回来的。

但很多时候，我们没有耐心，好不容易到手的东西，一旦失去，就会变得异常的悲伤和暴躁。

我有一个同事，是我们部门的设计，工作勤恳，深得老板赏识，但不知道什么原因，一直没有得到提拔。她打算跳槽到另外一家公司，于是工作之余，忙着刷工作，投简历。

第二天跟我说，她心仪已久的一家设计公司，打算招聘她，薪水可观，待遇可观，她很是兴奋，甚至做好了离职的准备。

但没出几天，她就一副悲观厌世的表情出现了，问及原因，她说她的简历没有经过副经理的同意，必须要全员通过才行。

本来以为到手的东西，眼巴巴又目送它亲眼离开，那种滋味太难受了。不过她也没有一直被坏情绪所影响，还是积极投入到工作中来。

不出两个月的时间，她升职了，工资翻了两番。老板说，你的表现大家有目共睹，一直没有一个良好的契机提拔你，现在找到了，好好干。

如果她当初就此萎靡沉沦，那她也不会获得这个机会。在哪里失去，就要在哪里"捡"起来，即便捡不起来，也可以努力为自己的失去，再创造一些什么东西。

我们对于那些"失而复得"的东西，自然心生欢喜。但面对失去之后，再也不能回来的东西，难免会万分惆怅。

但人生，怎么可能只得不失呢？

就像你中年而立，你虽然流失了岁月，却收获了家庭，收获了阅历与经验。

就像我们失去了光芒闪烁的白日，但会收获黑夜宁静的夜晚。失去了冬日的雪景，会得到生机勃勃的春天……

罗曼·罗兰说，世上只有一种英雄主义，就是在认清生活真相之后，依然热爱生活。

生活中，不要太在意你所失去的，因为任何失去的东西，经过时间或努力，都会换来额外对等的东西。

不为妥协找借口

你告诉我，跟相爱三年的男友分了手。分手的原因，是双方家长都不看好对方。他的父母嫌你工作太一般，你的父母嫌弃他家距离太远。你迫于压力，不得不提出分手。但你又不甘心，三年的美好，被几个字就否决得一干二净。

你多次拿起电话，但多半是无声的，没有拨通，只是做个样子，让自己心安。后来他打来电话，你迫不及待地接了，于是你们又复合了。

但问题的根源还是没有得到解决，你们反反复复，最后还是分了手。这一次，没有再复合。你迅速与相亲对象，结婚，生子。

你认为，除了他，跟任何人结婚，都是一个样。你不再对你的感情有所期待，也不再对你的丈夫孩子有所期待。

你不敢看任何关于女性独立，婚姻自由的文章，因为你害怕触到自己的痛点，让你好不容易缓和的伤痛，再次鲜血淋漓。

但这并没有断了你对他的感情，你依然想他，无时无刻。你每日枕着思念入睡，期待在梦里与他再次相会。走你们曾经走过的地方，你还是会落泪。

现在除了丈夫对你的好，成了唯一的慰藉以外，再无其他。

当你说这是你对生活妥协的最大让步，对世界妥协的最大让步。

你所有的意志力，被毫无情面击垮的时候，于是就有了妥协，就有了让步。你最后说的一句，说你会把日子过好，真是让人半信半疑。

你跟一个毫无感情的陌生男人，进入闪婚模式，迅速地有了孩子。即便你的丈夫待你百般恩爱，婆家待你千般好。但你婚后两年的丈夫，对你的宠爱，都没让你忘记你的旧爱，换来你一丝温情的回馈，你真的就确定自己会把日子过好吗？

我不太能确定，或许你只是为自己的妥协，找上一份借口，让自己逝去的感情，有个着落。对你的未来，有个憧憬的念头。

我问你有没有为你们的感情，做过最后的争取，你说有过，但不够强势，不够有底气。他们看不到你的决心，自然就会保留他们最初的决定。

现在看你过得那么痛苦，但丝毫不觉得你该值得同情。妥协前，为什么不去努力争取，为什么要有气无力去争取。既然他家人嫌弃你的工作不够好，你为什么不告诉他们，你也是本科学历，能力也不差，你只不过是刚毕业，不出三五年，工作就能得到改观。

至于你的父母，可能反对得没有那么明显，只不过是因为对方强势的态度，不得不也拿出一副装模作样的架势，来回拒这门亲事。你知道的，这事只要有一方持反对态度，另一方也会跟着起哄。

这是你的悲哀，也是妥协的悲哀。可日子，不会因为你的妥协，就会对你格外恩赐。未来究竟如何，还要看你自己的造化。

其实，一个人一开始就妥协，最后也会不断地去妥协，看似获得了暂时的风平浪静，其实只是为下一次妥协，埋下伏笔，直到你丧失对生活的所有原则。有些事情可以妥协，但有些事情，绝不可以妥协。

所以，有时候你不得不厚着脸皮，告诉别人，你的底线在哪里。

但你也不要轻易去试探对方的底线在哪儿，有些地方，你不能试着去逾越，因为你不知道你是踩了地雷，还是平安的地界。

有人说，被这个世界玩弄过太多次，一次次被生活"凌迟"，一次次妥协。

你本来喜欢的城市，有着你热爱的职业，你甘心付出一切。但你父母认为，你薄弱的肩膀，扛不起压力的担子，让你退回到那座三线城市，过与世无争的日子。

你最看不得别人哀求你的样子，于是你妥协。并向别人抛出你的借口：回去有不得已的理由。

也有人说，虽然早已经习惯妥协的生活，但还是会从内心生出一股悲凉的味道。

例如，你热爱诗词，你获过奖，你用诗词，打动过你喜欢的姑娘，那是你所有的梦想，你几乎为它到痴迷的程度，宁可一日无饭，不可一日无诗。

但后来，你还是为了生存，向生活妥协，下海经商。在尔虞我诈里，变成你以前最讨厌的样子。

人前，你一副风光的样子，告诉别人，这也不错，挣了很多钱，买了大房子，买了好车子，过上了好日子。

人后，你偷偷拾起被你藏在箱子底下的诗集，吹去厚厚的尘土，翻开那熟悉的一页页，痛哭流涕，因为你再也写不出以前那样的诗词。

后来，你的妻子告诉你，那些书籍被清理干净，让别人拖走了。

你哑了一哑嗓子，说，丢了就丢了吧。

看吧，每一个妥协，都对生活充满了绝望。以为妥协，会给自己一丝希望，但最后，尽是悲哀，满满的悲哀。悲哀不是妥协本身，而是要为自己找上一堆的借口，各种各样的。

而那些对生活坦诚，不妥协的人，结局都比较圆满。

电影《永不妥协》的埃琳，一个没有法律背景的单身母亲，历经千辛万苦，以永不妥协的勇气和惊人的毅力，打赢了美国历史上最大的一宗民事赔偿案。

她带着三个年幼的儿子生活，陷入水深火热的生活里，她一度失业，生活捉襟见肘，连电话费都交不起。

人倒霉时祸事都会连在一起，她遭遇车祸，走在路上被车撞伤。因为她单身，没有工作，法官判司机无责，她倒有"碰瓷"的嫌疑。

为了不妥协，为了赢回自己的自尊，她去律师事务所打工，凭借自己的不懈努力与坚持，她调查取证了六百多名证人的证词和签名，赢得了官司。

最终获得了尊重和成功。

如果影片中的埃琳，一开始就妥协于法官的宣判，想必也不会有后来的种种，也不会奋发出她要努力向前的心。估计现在的她，还在为孩子们的一日三餐奔波，为她的电话费发愁。

她没有替这个麻烦的案件，找很多借口，让自己去平庸。她有的全是真诚，执着，和全力以赴。

当你年轻的棱角，被生活的锋利剃平，希望你也不会向世界妥协。妥协你的理想，妥协你的事业，妥协你的爱情，妥协你生活种种的底线。

可是，"在这个社会，理想太容易妥协，欲望太容易放大"，但如果你觉得自己有绝不可能放弃的东西，就不要去妥协，一旦出箭，就无回头箭。

为自己想要的幸福，去争取一次吧，不要在妥协了之后，假装坚强给别人看。

每一次出发，都不能大意

　　并不是所有事情，都有重新来过的机会。所以每一次出发的时候，我们都不能大意，对待每一个人，不能轻慢。对待每一件事，都不能潦草。

　　你只能尽力做到最好，才能不给自己留下遗憾。也只有在每一次出发的时候，争取给自己更多的机会。

　　说到这里，我不得不讲一个关于朋友的故事。

　　认识他，是因为工作相同。我们会偶尔在微信上交流下文章，谈论一下看法，也会说一说彼此生活的现状。

　　可能说起他，大部分人不会陌生，因为他的文章曾在朋友圈里爆转，几乎所有人都能在文章里，看到他喷薄的才华。

　　因为他足够的实力，为自己推开了一扇大门。一些大众熟知的公众大号，都在挖抢他，出高薪，砸高价，希望能把他"诱惑"到自己的公司里来。

　　他跟我说，准备去北京发展，他已经选择了名气实力都不错的一家公司。

那家公司开出的薪水，是他现在薪水的五倍。对方诚意满满，他说没有不去的理由，而且自己等这一天也等了很久。

或许你以为他一开始，就有这么高的起点。其实不是，他也是一步步熬过来的。

2014 年底，他在当地一家报社，找到第一份工作。什么都接，什么都写，各种疑难杂症，硬着头皮来，月薪 1200 元。他没拒绝，接受了。但他没有把自己的位置放在 1200 元的价格里，他放低身段，认真地对待每一篇稿件。

两月之后，涨到 2300 元，他依旧努力。半年，涨到 4500 元，他浑身用不完的力。一年后，涨到一万。再到如今，三万底薪起步，不包含稿费提成与奖金。

想必，如果他在第一次的工作里，忽悠过日，没保质保量地完成自己的工作，想必他也不会进步那么快，薪水也不会涨得那么快。正是因为他对自己有要求，一丝不苟地完成手头的每一件事，才有如今的成就。

当初他即便是 1200 的工资，但他完成的可能是 4000 元的活。2300 元的工资，可能完成的是 8000 元的活。

因为他深知，每一次的开始，都是有意义的。他也知道每一个老板，都希望他的员工先创造出价值，再谈回报。

所以他不顾一切，去珍惜每一次微渺的机会，在机会上赋予全神贯注的激情，为自己创造出一次比一次好的机会。

有的时候，我们总喜欢说自己的机遇不够好，人生路上，其实大大小小的那些机会，我们都会遇到。但自己真正抓住的，又有多少呢？

你只有不放过任何一个微渺的机会，才能抓得住更大的机遇。

那些对生活对事业一丝不苟的人，多半都得到了上帝的偏爱。

例如周杰伦。

没成名前的周杰伦，把音乐当做自己的灵魂去爱。他获得的人生第一次机会，是吴宗宪给的。

他用参赛时一张整整齐齐的手写谱，感动了吴宗宪，音乐的大门就此为他敞开一条缝。

如果不是因为对待一张草稿纸都如此认真，他如何在千万人中引起吴宗宪的注意，又哪有机会得到吴宗宪的垂爱呢？

别忘了，歌唱比赛里，没人愿意给一个口齿不清的人第二次机会。

当然，那只是他音乐生涯中小小的第一步。

因为他写的歌词曲风怪异，很多当红歌星都拒绝演唱。吴宗宪让他在三日内，创造出十来首歌曲。如果能创作出来，他便从中挑出十首，让周杰伦自己演唱，给他出一张专辑。

对于他来说，每一次机会都格外珍贵，所以他从不大意，这次也不例外。

他买了一箱方便面，把自己关在工作室里，全心全意去创作，即使写到满脸鼻血也毫不在意。

十天之后，同名专辑《Jay》横空出世，在台湾一举拿下 50 万张的销量。一夜间，他的名字，从台湾吹到大陆，红遍海峡两岸。

他十足的努力，十足的认真，他付出的一切热血，自然不会凉却。他牢牢地抓住了一切属于他的机会，没有理由不成功。

因为机会，往往都是给有准备的人留的，如若不是，机会来了，你想抓也抓不住。即便有一厘米的偏差，都会变了味道。

记得四年前，我拥有一个很好的机会，给某位领导，写一部关于留守儿童题材的剧本。对方承诺如果写得好，是会投入大量的人力与金钱，来实施投放这部电影的。并且会给予一月一万的高薪，让我专心来做这件事。

对方给了我足够多的时间，因为想着时间多，我便懒懒散散，时间过到第二个月，任何大纲没有出，资料没有查。到第三个月，我便被委婉地辞退了。

到手的机会，自己没把握住，溜掉了，懊悔不已。

自那次起，就明白厚积薄发的重要性，也明白做事一定不要一副潦草的模样，要认真去对待信任你的人。

人生中只有把每一次都当做最后一次去用心，收获到的就会是你意想不到的惊喜。每一次出发，其实都是一次挑战，你只有用尽全力，才不会次次惨败。

都知道机会是留给有准备的人，那些或大或小能改变人生境遇的机会，把握了就要足够重视，足够珍惜，不要嫌弃机会的大与小，因为你不知道哪次机会，就会让你走出困境。

活出自己想要的样子

不知，如今的你，是否满意现在的自己，是否活出了自己想要的模样。也不知，当初的你，是否成全了现在的自己。

太多的人，都在想象中，把自己想要的生活过了一遍。但回到现实中，又都以一副仰视的态度，重新仰望着自己想要的生活。

因为过想要的生活，太难，没有足够多的时间、成本、精力，换不来它对你足够的欢喜。

但有些人，因为付出的足够多，对时间与精力有着足够的慷慨，最后，收获到了自己想要的一切，事业与爱情……

Candy，就是我认识的这类人，无论是她本身，还是事业，亦或是她的爱情，都是如此，她想要的，都得到得很完美。

与她的熟识，源于工作，她曾是我的客户。初见，只是浅浅聊工作上的相互需求，末了，握手告别，话里话外，无关生活。几次的来往，确定了合作关系。正因如此，才有机会知道她的故事。

是精彩必定会被发掘，哪怕蒙上过一些岁月的灰尘。

那个下午，温度刚好，她带我去了她的餐馆吃了顿便饭，介绍她餐厅的特色菜时，她瞳孔稍微扩大："这个菜你一定要尝，我相信你会喜欢的，那个菜不错，要试试看……"

她面容和语气带着的邀请与热情，像一股淡淡的清香，缓慢地长长地延伸到餐馆各处，把 500 平米的空间都香了个遍。

等菜之余，我重新把坐在我对面的女士仔细地端详了几遍，齐肩的七分刘海自然的飘在两侧，刚好把细长的眉毛大方地露了出来，眉毛下的那副容颜，舒展得张弛有度，不急不慢。

一看，从容不惊。

二看，精致雅秀。

她突然地开口，打断了我再次深度的观详，她说餐厅的存在，见证了她少年长成青年的模样，已经十一年了。

十一年？也意味着她十一年前就开了这家餐厅，那时她多大？二十四岁，或者二十五岁？

"Candy 你的能干都写在了脸上呀，二十来岁就开了间这么大的餐厅"。

我的语调比平常稍稍拉高了一点点分贝，带了几分惊羡与夸奖。

她突然毫无防备地大笑了起来，那笑音隔着桌子一波波传送到我耳膜里，笑是何意呢？难道我说错了什么？

不过即便我说错了什么也用不着担心，因为她笑起来，嘴角两边的纹路是带着开心的，愉快的。

"小小，谢谢你的夸奖，我已经 47 岁了。"

我深深地吞了几口空气，呼出来之后，还是没敢相信自己的眼。

她的身上，没有透出 47 岁被生活与家庭套牢的繁琐气息。她的脸上，没有散发出柴米油盐的味道。她的皱纹，没有出卖她的年纪。她的眼神，没有起早贪黑的疲倦。她的神情，全是少女的光芒。

你想象中的 47 岁会是什么样子？

终日守着自己的一亩三分地，围着丈夫孩子转，节衣缩食，没有自己的生活，没有自己的理想。最近报的瑜伽课程太贵，害怕交了学费，就紧张了孩子的餐费。你的容颜呢？也许来不及细细打扮，就已被过分摧残了。

但那些，都仿佛 Candy 无关。想必，这些都跟她的丈夫与家庭，脱不了干系。谈及家庭时，她说她未婚，但是有男友，男友是她的初恋。

47 岁的年龄，未婚，说出去，多少会被人当成饭后谈资，会被舆论压得喘不过气。

但对于一个知道自己想要什么的人来说，不足为奇，她只是不愿将就。

她的初恋虽然是她第一次恋爱的人，却不是一直在恋爱的人，她们中间有长达十二年未相见。

Oven 是 Candy 初恋男友，与很多少男少女一样，她与他甜蜜地交往了三年，最后因为一些琐事，把当初的炙热给磨掉了，分手了。

分手后的 Candy 也交往了几个她觉得不错的男生，可都无疾而终。那时 Candy 依然与 Oven 有联络，也都是些嘘寒问暖的话，但后来得知 Oven 结婚后，Candy 决定不再与他来往，把他所有联络方式删得干干净净，深深浅浅的回忆有些嚼烂了，有些放飞了，或者还有些，埋在了心底。

但注定要在一起的人，跨越整个世纪还是会回到你身边。

在一次聚会上，Candy 跟其他人一样，手里端着高脚杯，又尖又细的高跟鞋托着身体，跟来来往往的人互相微笑敬酒。

一个中年微胖的男子与她聊了起来，虽然 Candy 的言语没有出卖她，显然她的目光已经在各处游离了，但中年男子嘴里吐出 Oven

这四个字母时，她的目光迅速从某处拉了回来，热切地落在中年男子脸上。

原来中年男子是 Oven 以前的同事，大卫。

临别时，Candy 向他要过手机，快速地在屏幕上按下了自己的电话号码，并告诉他，如果见到 Oven，请把我的电话给他。

大卫微微点头，表示他会的，如果他再次见到 Oven，他一定会转达。

其实他的点头，只不过是想让 Candy 安心，毕竟他与 Oven 的联络早已断掉，还能不能再见到 Oven，他也不知。

或者 Candy 也不知道当初为何要一个陌生人转达一个电话号码，即便转达又如何呢，亦或者对方会不会帮你转达还未可知呢。

这个世界上，把承诺看得比千金重的人有，大卫就是其中一个。他在 12 年后的某次聚会上见到了曾与他一同共事的 Oven，他激动无比，意味着他当初答应别人的事情可能在今天会得以实现，他没有失信。

大卫或许在这些年中换过一次又一次的手机，但是那个曾经承诺过的号码却像珍宝一样被他小心翼翼地挪过来挪过去，最终稳稳地交到 Oven 手里。

或者他也觉得他出现在这次聚会上，只是为了来交这个别人托付的电话号码。当他把遇见 Candy 的情景和号码一同交给 Oven 时，他笑了，如孩子般。

失去多年音讯的 Oven 再次走到 Candy 面前，Candy 毫不介意他曾离过婚的事实与他重新走在一起。

Candy 说，他再次出现时，那种熟悉感一点一点放大，就像从未离开过，埋在心底的记忆也都全部释放出来。

　　Candy 几乎没有动筷，她的思绪把她拉到了久远的过去，我放筷时，她才重新被拉回来。

　　她按着自己的方式去生活，努力着自己的事业，爱着她想爱的人。如今的她，虽然年龄已大，但看上去，仍如少女一般动人。

　　Candy 把自己的几家餐馆经营得有声有色的同时，也没忘记忙碌之余的闲情逸致，她与 Oven 的婚礼我想指日可待了。

　　她把自己的艰辛与不易都藏在了心里，向外人展示的全是她对所有美好生活的向往，正如她说的，应该把美丽留给所有人。

　　她活出了自己想要的样子，你不得不为她的精彩而鼓掌。

用心走路，用情生活

记得小时候，我就是个"多动症患者"，喜欢奔跑，喜欢跳跃，一切关于"动"的，我都喜欢。每一次妈妈都会在后面大喊："走慢点，小心摔跤。"但我还是避免不了受伤，膝盖经常会带着不同程度的外伤。

长大了之后才明白，心不在，路就不稳，会摔跤。虽然我的脚踏在地面上，但心多半是在天空中飞跃的，心脚不齐，所以摔跤是自然。

于是走路就有了区别，用心走路不会摔跤，用脚走路，带上心，也不会摔跤，会站稳脚步。

生活中，其实也是同样的道理。无论做什么事情，都带着自己的真心去用力，走每一步，都带着真情，去灌溉。就会把自己的路，走得稳妥，芳香四溢。

可现实是，在浮躁的社会，大多数人都喜欢按"快进键"，不喜欢按"播放键"，直接跳过重要的一步，往前跨越。这就使生活少了原本的精彩，多了几分粗糙。

　　我身边的一个朋友，就是那种常习惯于"按快进键"的人。

　　看一部电影，她总会把一些琐碎的部分剔除，直接进入到高潮部分。但她不知道，因为那些所谓的琐碎铺垫，才会有高潮部分的精彩喷发。

　　过一个红绿灯，不管灯是红是绿，逮到空隙，就往前奔跑，完全不顾及左右两边的车是否在流动。她不知道，每一次的车祸不是有预兆的，而是随时降临在无视生活的人身上。

　　阅读一本书，只看其名来定夺。找到心仪的书籍，翻个三五页绝对会撂下，她说太无聊。她不知道，那些看不进去的字，是要经过多次思考，才能把营养一点点吸收进去的。

　　找一份工作，面试一家，一家不收留，便绝不会再多挤出半刻钟，去第二家。她不知道或许有更好的机会，等着她自己去创造。

　　她忘记了最不能敷衍的就是生活，于是她现在过着的，还是不咸不淡粗糙不堪的日子。

　　总是习惯忽略细节的人，怎么能把路走好，怎么能把生活过好呢？

　　当然，她属于那种赶路没有目的性的人，盲目的快而没有目的，所以得不到太好的成绩。

　　还有一种人，他们为了赶路而赶路，虽然收获了结果，但遗忘了过程。

　　例如另外一个朋友，他是一家公司老板。有钱，但无闲。顾及生意，顾及应酬，顾及市场变化，但唯独没有顾及自己的生活。他的时间多半分在各类饭局的每一个酒杯里，他要不断地为自己开辟更好的前程，就要不断地舍弃自己的生活。

　　他没有时间陪妻儿好好吃一顿饭，他儿子的童年，他来不及参与。他儿子的小学毕业典礼，他以忙来搪塞。

他妻子永远习惯一个人守着那张大围桌，一个人看电影，一个人散步……他对家庭所缺失的那条裂痕，用金钱来弥补。

直到他妻子摔碗而出，他才知道，自己虽然用力地走路，用力地奔跑，但忽视了生命中给予他最大力量的温暖。

我们习惯了花费太多的时间，精力，甚至半生的时间，去奔跑。不惜撞得头破血流，只为抵达某个终点。总想着抵达彼岸之后，再慢过来享受生活。但多数人真正有条件享受之后，却发现当初的感觉已早就变了味道。

或许在生活中，给予内心足够的时间去成全生活，慢下脚步，才会享受生活的每一个阶段，收获生活的芬芳。

他如果把时间分得均匀一点，就不会两边失衡，如果他稍微用心一点，步伐稍微慢一点，他能体会到生活与家庭给他带去的乐趣。他也会感受到儿子亲近他的每一秒，体会一个当父亲的美妙。

任何事情，你要告诉自己，不要力争太快。太快，若是把握不了平衡，吃亏的往往还是自己，失去比得到要更狠一些。

不管他们是哪一种快，快而不用心的，多半是要付出某种代价的；用心，自然是要调动智慧，调动身体的每一个细胞，去感悟生活的任何一切事物。

凡事都有个过程，不能违背自己的心意，扭曲自己的思想，去达到一个制高点。

例如，本来 10 分钟的事情，你非要强迫自己 1 分钟去搞定，宁愿其他 9 分钟去打游戏。

刚毕业两年，你就要求自己月薪过万，赶超比你工龄大的人。可是亲爱的，或许你忘记我们还足够年轻，我们还只有 20 几岁，任何"拔苗助长"的事情，只会适得其反。你不要太恐慌，不要太着急。

任何人都有自己的时区，你只要不在你的时区里失去自己的阵脚，结实打好自己的基础功，该来的，是不会辜负你的。

只要你不暴躁，不着急，不要一副匆匆忙忙的态度，你自然会看美景无数。世间给我们创造的路，看上去相同，实则不同。只要用心走，每一条路都是不平凡的路。

就像你旅行去西藏，去大理，去任何一切你想去的地方，别人都只走能看得见的地方，只求浅面，不求深层。但你把路走得更深邃一点，更长远一点，你就会看见不一样的光芒。

例如陈坤，因为用心，他所拍摄的每一张照片，都极其震撼，极其灵动。为了拍摄一张满意的照片，他可以一个姿势跪着直到拍完为止。除了明星自带的光环，他更是多了一个摄影人的身份。真实与丑陋在照片里，一览无遗。

社会虽浮躁，但你不能。你要记得，你只是大千世界里，一个渺小的行者。你不特殊，更不例外。你只能用心，才能收获一双飞翔的翅膀，用情才能飞得更高。

总会有不理解你的人

有一个学弟，去年刚上大一，没有住宿，在学校附近租了一套房子住。

但所有的同学对他的做法，都不理解。别人会在背后偷偷议论他不合群，装冷酷。

家里说他不懂事，说他只顾自己。并多次对他进行电话轰炸，指责他，说他什么样的年龄，做什么样的事才对。

但实际真如同学和家人所说的那样吗？其实不是，他只是受不了宿舍的氛围，舍友成群结队的玩游戏，他不会。宿舍里烟雾缭绕，他受不了。熄灯后的，窃窃私语，扰乱他原本不好的睡眠。更不想顿顿吃贵又没营养的快餐。

他只是希望给自己，腾出一片安静的空间，给自己做一顿可口的饭。夜晚的时间，他可以随意学习到深夜，只要自己愿意。

而且他也没有花家里的钱去交房租，房租钱都是自己当家教赚来的，租的也只不过是廉价房。

但解释的话一说出口，听到别人的耳朵里，味道就全变了。

后来，他也不解释了，不奢求所有人都去理解他，他只做好他自己。上课，兼职，学习。合理安排时间，三不误。没有好的生活环境，学习环境，就努力给自己创造环境，他本没有错。

至于同学，懂他的人，自然会理解他，说太多也无意义，为自己的生活选择，本身就没有什么好值得别人去非议。只能说他们闲得太无聊，非要找点话题来聊一聊。

至于家长，用自己优异的成绩，回报给家里，想必他们也就会明白当初的他，为何坚持走读。

不理解自己的人，不要强求，或许他们总有一天会理解你，只是时间问题罢了。若不能也没关系，你也只是在自己的轨迹里生活，与他人无关。

值得欣慰的是，他没让自己的耳朵，把那些过火的话语，全部听进去。关起心门，只做他觉得对的事情。

他优异的成绩，就是他给家人最好的堵口石。

世间有千千万万的人，你千万不要妄想所有的人，都会站在你的角度去理解你，宽容你。上帝造就各类人，给予各种思想，你不要企图所有人的思想，都会与你相同。

你做的每一件事，下的每一个决心，只要不违背自己的内心与意愿，至于别人在耳后如何非议，你都不要太过于在乎。太在乎别人的看法，只会令自己活的畏手畏尾。

别人可以不理解自己，但你一定要相信自己。

好友的弟弟蛏子，去年本科毕业，面试了几家公司，但无一家是满意的，都不是他理想中的工作。

不久他便找到了自己的目标，考公务员。或许每个人的性格不一样，想法不一样。他选择在漂流的世界中，寻一处安稳的席地。

但好友与他家人，都不是很赞同他考公务员，担心他考不上，再去找工作会有困难。

可蛏子还是坚持了自己的想法，自那时起，他就一门心思闭关在家，背书看题不断重复，非议的话题一律与他无关。

因为他的认真专注，和一颗没被干扰的心，他如愿考上了与自己专业挂钩的公务员。

好友与他家人都重重地嘘了一口气。

其实有时候的不被理解，是因为自己的实力没有得到验证，在没有验证之前，任你再沉重的话语，在别人面前，都是虚无的。

如果他一开始就不相信自己，或许他也会向家人的思想妥协。也不会如愿考上自己想要从事的职业。

不妄想被所有人理解，但自己一定要理解自己，要付出行动，对得起自己的理解，向那些不理解自己的人，做出有力的一击。

但有些时候，我们做不到像学弟或蛏子一样的心境，我们总是在乎别人的看法，希望得到他人的理解，才会去执行某件事。

我身边的一个朋友，何余，就是这种人。每一件小事，都害怕得不到别人的理解。例如他准备办张健身卡，他会问女朋友："办张健身年卡，你觉得如何？"他会问朋友："办张健身年卡，有没有用？"

他问来问去，唯独没发现，最该问的人，其实是他自己。

他问别人，无非就是他害怕别人会对他有非议：花那个冤枉钱做什么？还那么老贵，去健身房无非也就是那么几台器械，还不如自己在家里练，省钱还省力。

但如果自己能决定的事情，为何非要别人去理解你？你觉得合适自己就是最好不过的，如果说他问出十个相同的问题，但得到的是十个不同的答案，又要怎么办？果真要按照每个人的答案，一人遵守一遍吗？

答案肯定是不可能，所以还不如不要太过于在乎别人的看法。别人的看法，终究不是自己的看法，看法与看法间，隔了一个人，终究会变了一层味。

同事西西也是这种人，跟何余一样，都在乎别人的评价与看法。

西西是每换一件新衣服，都喜欢别人给予她一番评价的人。

她有一次买了件冬装，花了小三千，她自己很喜欢。于是迫不及待地穿去公司，等着别人来赞赏一番。但这次不同上一次，大家觉得这个款式不太适合她，有点张扬，委婉地说让她退货算了。

西西的心瞬间凉了一大截，因为衣服是她自己中意的款式，而且这件衣服是新款，不能退换。

进退两难时，她还是听取了别人的看法，那件衣服，放在橱柜里，再也没拿出来穿过。

在生活中，那些买件新衣裳，都要在乎别人看法的人，只能说是活得太不自信了。因为不自信，所以她会在乎别人的说法。如果西西自信一点，她又何必在意别人的那些小碎话，自己喜欢才是最重要的，不是每个人都会理解她的穿衣风格。但总会有人，去欣赏她的美。

处处在意别人的看法，就是时时束缚自己的思想。

以后不管做怎样的事情，你不要先考虑别人会不会理解你，而是你理不理解自己，你有什么充分的理由，去说服自己做。

你不要奢望全世界的人，都会跟你在一条思想线上。面对别人的不理解，你只需要磨炼你的才能，坚持你自己，证明你自己，用实际成果告诉大家，你是对的。

你照顾不到所有人的感受

我们没有透视眼，看不出每个人的心情与感受，所以无法对身边所有人照顾周到。就算一个八面玲珑的人，也做不到让所有人喜欢。

大千世界，万千思想，每个人的想法各不一样，你认为是对的，他认为是错的。你认为是错的，他又认为是对的。

每个人的世界都是不一样的，你看到的世界是长的，或许他看到的世界是圆的。人或事物皆不相同，不要奢望人家和你的想法相同。无论做什么事，你也许可以顺遂三两人的心意，但无法顺从所有人的心意。久而久之，只会让自己变得心累。

我有一个同事，叫蝌蚪。他就是传说中八面玲珑的人，他左右逢源，见不同的人说不同的话，不同的场合行不同的事，同时也会把每个人照顾得很周到。

他说他就是想让所有的人都开心，都喜欢他，所以他才会尽心尽力去做好每件事，说好每句话。

但不是所有人都对他的行为买单，万物都是对立的，有人喜欢他，就一定有人不喜欢他。

　　喜欢他的人，喜欢跟他经常接触。但不喜欢他的人，会在背后议论他，说他两面三刀，当人一套背人一套，肯定生活中没有什么真心的朋友。

　　说者无心，听者有意，这话传到他耳里，自然伤人。蝌蚪说没想到自己的真心实意，在别人身上就变成了假心假意。

　　自那次后，他刻意控制自己的言行举止，不再像之前那样，处处顾着别人，说他们想听的话，做他们想让他做的事。

　　他觉得那样反而轻松，不用过于考虑别人的感受，别人是否满意，他过得比以前要自在多了。

　　所以，不要试图去讨好所有人，不要把所有人，当成自己的中心点去围着转。否则会失去自己的原则，无法活成一个洒脱的人。

　　要知道，你照顾所有人，势必就要牺牲自己内心最真实的想法，去迎合所有人，你委屈的就是自己的内心。

　　记得曾有个人发声问，说同学聚会照顾不到所有人怎么办。

　　同学聚会照顾不到每个人是正常的。

　　例如小 C 想蹭你的车一起去聚会的地方，但是你已经答应载着其他几个同学了，你的车满员，坐不下了。你若载着小 C，就必须让你车上的其中一个同学下去。自然，你就只能拒绝他，事后跟他解释，他可能还会有些自己的小看法，但嘴上不会说。

　　太照顾别人的感受，必然会让自己不好受，你迁就别人，别人就会让你无限去宽容。

　　我的一个朋友，也是生活中比较在意别人感受的人，无论是在生活中还是工作中，他总是小心翼翼地说着话，生怕哪一句话就惹到对方不开心。所以很多时候他都比较拘谨。

　　某次会议，选举公司某个人当优秀员工，他心里本来有内定的角色，但看到大家选举了另外一个人，他肯定也会跟着投赞同票，因为想跟随大家的脚步，怕别人内心有对自己的看法。

如果某位同事，梳了自己不喜欢的发型，他还是会一脸笑呵呵地说好看，他说不想辜负别人问自己的诚意。

他累吗？当然累。活成别人想要的样子，唯独没有活出自己喜欢的样子。时时刻刻为别人操心，折磨自己的心。

活得太刻意了自然不好，不如轻松痛快一点，想说什么可以言无不尽，只要不伤害人心。想做什么尽管去做，只要不逾越别人的底线。

毕竟，做到让所有人喜欢你，除非你是人民币，不然你就会背负着压力。记得有人曾问过孔子，关于被所有人喜欢的事。

那个人问孔子，听说在某地有一个人，深受邻里喜欢，村庄里的所有人，提到他无不表示欢喜，您认为这个人怎么样呢？

孔子回复，能让所有的人都喜欢，固然难得，但也意味着他本人活得并不轻松好受。如果他能做到让所有德操高尚的人喜欢，让所有道德低下的人讨厌，那他才是一个内心坦荡的真君子。

孔子的话，自然精辟。

如果不嫌自己活得累，就继续做让别人喜欢的人吧，但是如孔子所言，对那些道德低下的人，你真没必要去刻意迎合。把那些欢喜留给那些德操高尚的人，想必会活得更快乐一些。

选择需要决心，坚持需要勇气

　　人生的主题，其实就是不断地围绕选择、坚持，与放弃这三大话题进行。因为我们离不开选择，每天都会面临各样的选择。小到吃哪顿饭，去哪家餐馆，穿哪件衣服，去哪个商场，买哪张机票，去哪个地方旅行；大到考什么样的学校，选什么样的专业，做什么样的工作，考哪个级别的证书。无时无刻，都在不停地抉择。

　　选择过后，是坚持，还是放弃，是重新抉择，一切都是未知。

　　有时候，看似不停地在做着选择，但每一个大的抉择背后，都必须有着莫大的决心，去选择一件事情。因为一旦选择过后，就无法逆转。

　　所以很多人在面临着选择的时候，迟迟下不了决心，因为怕自己一旦选错，会陷入无尽的悔恨之中。

　　每个人在选择的过程中，思考不一样，决定不一样，有人选对，让自己不断在前行中进步，人生走向正确的轨迹。而有人因为一时的判断失误，让自己陷入无限的死循环当中，无进步可言。

　　所以有人在选择中无比纠结，有人在选择中无比果断。

　　好友罗宁就是一个无比纠结的人，无论任何事情，都是如此。

从来没有见他主动拿过一次主意。

　　小时候的他就是妈妈的"乖宝宝"，小学时期，妈妈帮他做各样选择，穿什么衣服，吃什么样的零食，交什么样的朋友。中学时期，考什么样的学校，大学时期选什么样的专业，考不考研。工作时期，进入国企还是私企……

　　现在的他，虽然脱离了父母的思维圈，但他的风格依旧没有改变。每一次重要场合，出门前半个小时，都会问我他穿什么样的衣服合适，我把自己的想法告诉他后，他还是会跟自己较半天劲，然后选择自己喜欢的那件。

　　若是报了哪一门课程，也一定会拧拧巴巴地询问我，选择哪家比较合适。

　　最重要的是，他连选择交往女朋友的终身大事，都要跑过来咨询一番。连自己喜欢的类型，喜欢的性格，都拿不定主意。

　　我问他，为什么无论大大小小的事情，都喜欢听别人的想法，依赖别人的想法。他每次都嘻嘻哈哈，说他有选择困难症，不喜欢选择，而且询问别人，那是因为他足够重视对方，尊重对方。

　　若说小时候他没有选自主择的能力，但长大后的他应该有自己的想法，去尝试做一些抉择。

　　我说你是没有足够多的勇气，去面对你自己的选择。他听后哑然，眉头深锁，嘻哈的态度，也变得严肃，或许是默认吧。

　　但后来的一次，我改变了对他的看法。公司有三个国外进修的名额，他在其中之一。但去了之后，不能再继续参与他一直负责的项目，盈利巨大。这次，他没有向任何人寻求帮助。主动争取，去了国外。

　　回来后他告诉我，他仔细思考了我说的那番话，这么多年，他从来没有主动去思考过这些，一直都是借助别人的"脑力"去抉择。

谁说的有道理，他就偏向谁，他的选择就偏向谁。

这次，也换他自己主动去思考，去选择了。

也许确实是这样，与其说他不喜欢选择，所以陷入无比纠结的迷惑中。或许他一开始就没有选择的决心与勇气吧，他害怕承担失误后的结果。

如果说他没有选择的决心，虽然不能代表他没有坚持下去的勇气，但他起码是一个活得不够清晰的人。

人生小事可以听取他人意见，但一些重大的抉择，最后的决策人还得是自己，不能一味地依赖别人，因为只有自己才能负起这份责任。

现在的他，是果断的。那份果断的决心，不是突如其来的，是他在一些累积的大小事情中锻炼出来的。

所以我们在面对各项抉择的时候，也无所谓快与慢，宁可慢一点做选择，去逐条分析利弊，也不要去盲目的选择。

例如在重大选择前，进行反复地分析，与好友一起探讨，听取经验人士的意见，做出最后的抉择。而不是一味盲目的听取别人，自己不加以分析，纠结一些没有必要的烦恼。

其次就是在选择过后，一旦下定决心，无论前方多么困难，都要咬牙坚持下去。

比如你选择了自己一开始喜欢的专业，但半途发现别的专业更好，更适合自己，想要放弃。在放弃前，要思量自己已经付出过的时间成本和心血，不要一时脑热就丢掉原本自己认定的专业。

又比如你选择了一份职业，但发现根本赚不到钱，想要跳槽，重谋生路。在你跳槽前，首先要想到的是，你去公司的时间，和你付出的正比例。什么也没有付出，就想财富进你的口袋，自然是一件不切实际的事情。

无论是遇到大的还是小的挫折，在坚持不下去的时候，想想自己选择这件事情的初衷，不要总是去过多地质疑自己的能力。半途而废，总不是一件多好的事情。

如果你选择某一件事情后，经过多次的反复理性思考，无论你多么努力，都达不到你预期的效果。你发现你的选择并不是那么尽如人意的时候，可以选择放弃，重新开始。

当然，那些在选择中纠结的人，也并不代表他会一直纠结下去，例如罗宁。不过那些在选择中果断的人，也并不是都有坚持下去的勇气。

另外一个同学余哲，他就是一个在自己的选择中极其果断的人。但他的果断，都只是片面性的，因为他无法在他一次次选择后坚持下去。

如若一个人下得了决心去选择，但他无法坚持某件事，那他的选择就是无用的。

例如他每一次选择要做什么事情前，可以很快速地决定投入三分钟热情。但热情度一旦用光，他就马上抽身出来，去选择别的事情。他选择一个职业，每一次都信誓旦旦要做下去，但只要中途遇见一丝困难，就立马把眼睛转向别处，重新选择一个职业。

虽然选择够果断，够速度，但如果缺少了坚持的心，那份选择就变得没有了意义。这样的选择都是徒劳的，因为任何事情，选择了，就必须对它负责。你才会在那些苦乐中，体会选择的意义。

所以这才像上文所说到的一样，宁愿慢一点去抉择，也不要盲目去选择。确定了自己的选择，坚持自己的选择，于自己才是最重要的。

世间或许不缺少选择的事，但一定会缺少坚持的心。要想成就一番作为，还是要在正确的事情上，坚持下去，哪怕一开始看不见光。